XUE KE XUE MEI LI DA TAN SUO
学科学魅力大探索

U0591168

真相秘密研究

熊 伟 编著　丛书主编 周丽霞

灾害：疯狂的自然灾害

汕头大学出版社

图书在版编目（CIP）数据

灾害：疯狂的自然灾害 / 熊伟编著. -- 汕头 ：汕头大学出版社，2015.3（2020.1重印）

（学科学魅力大探索 / 周丽霞主编）

ISBN 978-7-5658-1686-4

Ⅰ．①灾… Ⅱ．①熊… Ⅲ．①自然灾害－青少年读物

Ⅳ．①X43-49

中国版本图书馆CIP数据核字(2015)第027426号

灾害：疯狂的自然灾害　　　　ZAIHAI: FENGKUANG DE ZIRAN ZAIHAI

编　　著：熊　伟
丛书主编：周丽霞
责任编辑：胡开祥
封面设计：大华文苑
责任技编：黄东生
出版发行：汕头大学出版社
　　　　　广东省汕头市大学路243号汕头大学校园内　邮政编码：515063
电　　话：0754-82904613
印　　刷：三河市燕春印务有限公司
开　　本：700mm×1000mm 1/16
印　　张：7
字　　数：50千字
版　　次：2015年3月第1版
印　　次：2020年1月第2次印刷
定　　价：29.80元
ISBN 978-7-5658-1686-4

前　言

　　科学是人类进步的第一推动力，而科学知识的学习则是实现这一推动的必由之路。在新的时代，社会的进步、科技的发展、人们生活水平的不断提高，为我们青少年的科学素质培养提供了新的契机。抓住这个契机，大力推广科学知识，传播科学精神，提高青少年的科学水平，是我们全社会的重要课题。

　　科学教育与学习，能够让广大青少年树立这样一个牢固的信念：科学总是在寻求、发现和了解世界的新现象，研究和掌握新规律，它是创造性的，它又是在不懈地追求真理，需要我们不断地努力探索。在未知的及已知的领域重新发现，才能创造崭新的天地，才能不断推进人类文明向前发展，才能从必然王国走向自由王国。

　　但是，我们生存世界的奥秘，几乎是无穷无尽，从太空到地球，从宇宙到海洋，真是无奇不有，怪事迭起，奥妙无穷，神秘莫测，许许多多的难解之谜简直不可思议，使我们对自己的生命现象和生存环境捉摸不透。破解这些谜团，有助于我们人类社会向更高层次不断迈进。

其实，宇宙世界的丰富多彩与无限魅力就在于那许许多多的难解之谜，使我们不得不密切关注和发出疑问。我们总是不断去认识它、探索它。虽然今天科学技术的发展日新月异，达到了很高程度，但对于那些奥秘还是难以圆满解答。尽管经过许许多多科学先驱不断奋斗，一个个奥秘不断解开，并推进了科学技术大发展，但随之又发现了许多新的奥秘，又不得不向新的问题发起挑战。

宇宙世界是无限的，科学探索也是无限的，我们只有不断拓展更加广阔的生存空间，破解更多奥秘现象，才能使之造福于我们人类，人类社会才能不断获得发展。

为了普及科学知识，激励广大青少年认识和探索宇宙世界的无穷奥妙，根据最新研究成果，特别编辑了这套《学科学魅力大探索》，主要包括真相研究、破译密码、科学成果、科技历史、地理发现等内容，具有很强系统性、科学性、可读性和新奇性。

本套作品知识全面、内容精炼、图文并茂，形象生动，能够培养我们的科学兴趣和爱好，达到普及科学知识的目的，具有很强的可读性、启发性和知识性，是我们广大青少年读者了解科技、增长知识、开阔视野、提高素质、激发探索和启迪智慧的良好科普读物。

目 录

雷电灾害的危害及预防

雷电的形成

　　雷电是伴有闪电和雷鸣的一种雄伟壮观而又令人生畏的放电现象。雷电一般产生于对流发展旺盛的积雨云中，因此常伴有强烈的大风和暴雨，有时还伴有冰雹和龙卷风。积雨云随着温度和气流的变化会不停地运动，运动中摩擦生电，就形成了带电荷的云层，某些云层带有正电荷，另一些云层带有负电荷。

　　另外，由于静电感应常使云层下面的建筑物、树木等带有异

性电荷。随着电荷的积累，雷云的电压逐渐升高，当带有不同电荷的雷云与大地凸出物相互接近到一定程度时，其间的电场超过25千伏/厘米～30千伏/厘米，将发生激烈的放电，同时出现强烈的闪光。

由于放电时温度高达2000℃，空气受热急剧膨胀，随之发生爆炸而产生轰鸣声，这就是闪电与雷鸣。

雷电的活动情况，与各个地区的地形、气象条件及所处的纬度有关。一般山地雷电比平原多，建筑越高，遭雷击的机会越多。

雷电的危害

雷电因其强大的电流、炙热的高温、强烈的电磁辐射以及猛烈的冲击波等物理效应而能够在瞬间产生巨大的破坏作用，造成雷电灾害。

长期以来，雷电灾害带来

了严重的人员伤亡和经济损失，给很多家庭和受害者带来不可挽回的伤害和损失。多年雷电灾害统计表明，我国每年有上千人遭雷击伤亡，广东和云南损失最为惨重。

雷电灾害具有较大的社会影响，经常引起社会的震动和关注。例如：2004年6月26日，浙江台州市临海市杜桥镇杜前村有30人在5棵大树下避雨，不幸遭到雷击，造成17人死13人伤；2007年5月23日，重庆市开县义和镇政府兴业村小学教室遭遇雷电袭击，造成7名学生死亡、44名学生受伤。

闪电的受害者有三分之二以上是在户外受到袭击，每三个人中有两人幸存。在闪电击死的人中，85%是男性，年龄大都在10岁至35岁之间。死者以在树下避雷雨的最多。

苏利文可能是遭闪电袭击的冠军。他是退休的森林管理员，曾被闪电击中7次。闪电曾经烫焦他的眉毛，烧着他的头发，灼伤

他的肩膀，扯走他的鞋子，甚至把他抛到汽车外面。他轻描淡写地说："闪电总是有办法找到我。"

雷电灾害还可能导致建筑物、供配电系统、通信设备、民用电器的损坏，引起森林火灾，导致仓储、炼油厂、油田等燃烧甚至爆炸，造成重大的经济损失和不良的社会影响。

雷击有极大的破坏力，其破坏作用是综合的，包括电性质、热性质和机械性质的破坏。目前，各行各业对计算机信息系统的依赖程度越来越高，高科技、国防军工、国民经济建设等重要数据信息的安全，依赖于计算机系统工作的可靠性。

但是，雷电电磁辐射对计算机系统及其数据存储所产生的干扰、破坏有致命的危害，对计算机系统的稳定性、可靠性和安全性形成威胁。如某数据中心，集全体技术人员历时三年的研究成果和宝贵数据因一次雷灾而化为乌有。

闪电的类型

闪电过程是很复杂的。当雷雨云移到某处时，云的中下部是强大负电荷中心，云底相对的下垫面变成正电荷中心，在云底与地面间形成强大电场。

在电荷越积越多、电场越来越强的情况下，云底首先出现大气被强烈电离的一段气柱，这种电离气柱逐级向地面延伸，在离地面5米到50米时，地面便突然向上回击，发出光亮无比的光柱。

一次闪电过程历时约0.25秒，在如此短的时间内，窄狭的闪电通道上要释放巨大的电能，因而形成强烈的爆炸，产生冲击波，然后形成声波向四周传开，这就是雷声或说"打雷"。

闪电依据其形状可分为如下几类：曲折开叉的普通闪电称为枝状闪电；枝状闪电的通道如被风吹向两边，以致看来有几条平

行的闪电时，则称为带状闪电；闪电的两枝如果看来同时到达地面，则称为叉状闪电；闪电在云中阴阳电荷之间闪烁，而使全地区的天空一片光亮时，那便称为片状闪电；未达到地面的闪电，也就是同一云层之中或两个云层之间的闪电，称为云间闪电。

有时候这种横行的闪电会行走一段距离，在风暴的数千米外降落地面，这就叫做"晴天霹雳"。

闪电的电力作用有时会在又高又尖的物体周围形成一道光环似的红光。通常在暴风雨中的海上，船只的桅杆周围可以看见一道火红的光，人们便借用海员守护神的名字，把这种闪电称为"圣艾尔摩之火"。

超级闪电指的是那些威力比普通闪电大100多倍的稀有闪电。普通闪电产生的电力约为10亿瓦特，而超级闪电产生的电力则至

少有1000亿瓦特，甚至可能达到万亿至10万亿瓦特。

纽芬兰的钟岛在1978年曾受到一次超级闪电的袭击，连13千米以外的房屋也被震得咯咯响，整个乡村的门窗都喷出蓝色火焰。

袭击的时间

就在你阅读这篇文章的时候，世界各地大约正有1800个雷电在进行中。

它们每秒钟约发出600次闪电，其中有100次袭击地球。闪电可将空气中的一部分氮变成氮化合物，借雨水冲下地面。

一年当中，地球上每一公顷土地都可获得几千克这种从高空来的免费肥料。

印尼的爪哇岛是最易受到闪电袭击的地方。据统计，爪哇岛有一年竟有300天发生闪电。而历史上最猛烈的闪电，则是1975年袭击津巴布韦乡村乌姆塔里附近一幢小屋的那一次，当时死了21个人。

如何预防雷电

一般来讲，缺少避雷设备或避雷设备不合格的高大建筑物、储罐，没有良好接地的金属屋顶，潮湿或空旷地区的建筑物、树木，建筑物上有无线电而又没有避雷器或没有良好接地的地方都是容易被雷击的部位。

要预防雷电伤害应注意以下这些方面：

在建筑物上装设避雷装置。即利用避雷装置将雷电流引入大地而消失；

在雷雨时，不要靠近高压变电室、高压电线和孤立的高楼、烟囱、电杆、旗杆等，更不要站在空旷的高地上或在大树下躲雨；

在郊区或露天操作时，不要使用金属工具，如铁撬棒等；

不要穿潮湿的衣服靠近或站在露天金属商品的货垛上；

雷雨天气时在高山顶上不要开手机，更不要打手机；

雷雨天不要触摸和接近避雷装置的接地导线；

雷雨天，在户内应离开照明线、电话线、电视线等线路，以防雷电侵入被其伤害；

在打雷下雨时，严禁在山顶或者高丘地带停留，要切忌继续登往高处观赏雨景，不能在大树下、电线杆附近躲避，不要在空旷的田野里行走或站立，应尽快躲在低洼处，或尽可能找房屋或干燥的洞穴躲避；

雷雨天气时，不要用金属柄雨伞，摘下金属架眼镜、手表、裤带，若是骑车旅游要尽快离开自行车，亦应远离其他金属物体，以免产生导电而被雷

电击中；

在雷雨天气，不要去江、河、湖边游泳、划船、垂钓等；

在电闪雷鸣、风雨交加之时，若旅游者在旅店休息，应立即关掉室内的电视机、收录机、音响、空调机等电器，以避免产生导电。打雷时，在房间的正中央较为安全，切忌停留在电灯正下面，忌倚靠在柱子、墙壁边、门窗边，以避免在打雷时产生感应电而致意外。

当发生雷击时，旅伴应立即将病人送往医院。如果当时呼吸、心跳已经停止，应立即就地做口对口人工呼吸和胸外心脏按摩，积极进行现场抢救。

千万不可因急着运送去医院而不作抢救，否则会贻误病机而导致死亡。有时候，还应在送往医院的途中继续进行人工呼吸和胸外心脏按摩。此外，要注意给病人保温。若有狂躁不安、痉挛抽搐等精神神志症状时，还要为其作头部冷敷。对电灼伤的局部，在急救条件下，只需保持干燥或包扎即可。

延 伸 阅 读

从雷电的形成和发生过程来看，空旷场地上、建筑物顶上、高大树木下、靠近河湖池沼以及潮湿地区是雷击事故多发区。雷雨天气发生时，应该迅速拔掉室内电视、电冰箱以及天线电源的插头，防止造成不必要的损失。

雷灾多发生在什么地方

什么是雷暴

雷暴常出现在春夏之交或炎热的夏天，大气中的云层处于不稳定时容易产生强烈的对流，云与云、云与地面之间电位差达到一定程度后就要发生放电。有时雷声隆隆、耀眼的闪电划破天空，常伴有大风、阵性降雨或冰雹，雷暴天气总是与发展强盛的积雨云联系在一起。在天气预报中，人们常常说雷雨大风等强对流天气，就是指伴有强风或冰雹这种雷暴天气。

由于雷暴的发生发展与积雨云联系在一起，从雷暴云的出现到消失，它有很强的局部性和突发性，水平范围只有几千米或十几千米，在时间上也仅有两三小时。因此，这种中小尺度天气系统在预报上有一定的难度。强雷暴是一种灾害性天气，雷电会引起雷击火险，

大风刮倒房屋，拔起大树，果木蔬菜等农作物遭冰雹袭击后损失严重，甚至颗粒无收，有时局部地方暴雨还引起山洪暴发、泥石流等地质灾害。雷暴的持续时间一般较短，单个雷暴的生命一般不超过两小时。我国雷暴南方多于北方，山区多于平原。雷暴大多出现在夏季和秋季的下午。夜间因云顶辐射冷却，使云层内的温度层结变得不稳定，也可引起雷暴，称为夜雷暴。

雷灾为什么多发生在农村

雷电灾害造成的人员伤亡主要集中在农村。这是因为，雷电有一定的选择性，而农村的地理环境和特性，恰好对了它的"胃口"。一般来讲，土壤和水的电阻率比较小，在这附近的物体，比较容易遭受雷击。比如：旷野里孤零零的一幢建筑物，田野里供休息的凉亭、草棚、水车棚。高耸的建筑物、内部有大型金属体的厂房、内部经常潮湿的房屋、城郊的一些防雷措施没有做到位的房屋，都有安全隐患。

在城市里也并不意味着一定安全。在雷暴天气下，家用电器若处置不当，也可能惹来大祸。比如，现在用得比较多的太阳能热水器，主要金属部件多设在楼顶，雷雨天时，大量高电压的雷电流很容易沿金属水管及热水进入浴室。人在洗澡时全身湿透，人体阻抗大大下降，这时候，哪怕沿金属管导入浴室的电压只有10伏至20伏，也足以致命。

电视、电冰箱、电话机等在没有屏蔽接地引入的条件下，都是定时炸弹。如果不能确定有没有必要的防雷措施，那么，拔掉所有电器插头也是一种好的应急措施。

打雷闪电的功与过

在汛期，对流性天气比较多，打雷也较频繁，由于雷电常造成人员无辜伤亡，因此防

雷减灾已成为日常的需要。雷电其实是一种在雷雨云中强烈放电的现象。当闪电从雷雨云中传到地面时，就可能通过天线、电线、金属而传导入室内的电脑等电器，就会烧坏电脑和其他家用电器。每年全球打雷闪电有800万次以上，雷电把大气中的水、氧、氮生成了4亿吨以上的氮肥。打雷可以产生臭氧，而使地球上空维持一个臭氧层，太阳光经过臭氧层时，被臭氧吸收了大部分的紫外线，以保障地球上的动植物、人类不受过强紫外线的伤害。凡事常有两面性，打雷闪电看来是功大于过呢！

延 伸 阅 读

　　雷暴是伴有雷击和闪电的局地对流性天气。它通常伴随着滂沱大雨或冰雹，而在冬季时甚至会随暴风雪而来，因此，雷暴属强对流天气系统。

黑色闪电的形成奥秘

什么是黑色闪电

在大气中，由于阳光、宇宙射线和电场的作用，会形成一种化学性能十分活泼的微粒。这种微粒凝成一个又一个核，在电磁场的作用下聚集在一起，像滚雪球一样越滚越大，从而形成大小不等的球。这种物理化学构成物有"冷球"与"亮球"。

所谓冷球，没有光亮，也不放射能量，可以存在较长时间。冷球形状像橄榄球，发暗，不透明，白天才能看到。科学家称其为黑色闪电。

所谓亮球，呈白色或柠檬色，是一种化学发光构造。它出现时，并不伴随某种雷电，能在空中自由移动，并可以在地面停留，或者沿着奇异的轨迹快速移动，一会儿变暗，一会儿变亮。

黑色闪电的本质

黑色闪电的形成原因科学家无法解释。长期以来，人们的心目中只有蓝、白色闪电，这是空中大气放电的自然现象，一般均伴有耀眼的光芒。而从未看见过不发光的黑色闪电。

1974年6月23日，前苏联天文学家契尔诺夫就曾在札巴洛日城看到一次黑色闪电:一开始是强烈的球状闪电,紧接着,后面就飞过一团黑色的东西,这东西看上去像雾状的凝结物。

黑色闪电是由分子气溶胶聚集物产生出来的,而这些聚集物则产生于太阳、宇宙光、云电场、条状闪电以及其他物理化学因素在大气中的长期作用。这些聚集物是发热的带电物质,容易爆炸或转变为球状闪电。

黑色闪电一般不易出现在近地层,但倘若出现,则容易落在树木、桅杆、房屋及金属附近,一般呈瘤状或泥团状,看上去像一团脏东西。

由于黑色闪电的外形、颜色和位置容易被人忽视,而它本身却载有大量的能量,因而它是闪电族中最危险和危害性最大的一种。

黑色闪电体积较小,雷达难以捕捉,而它对金属又比较青

睐，因而被飞行员叫做"空中暗雷"，飞机飞行过程中，倘触及黑色闪电，后果不堪设想。当黑色闪电距地面较近时，又容易被人误认为是一只鸟或是其他什么东西，倘若触及，则会立刻发生爆炸。

摩亨佐达罗古城的毁灭之谜

1922年，印度考古学家拉·杰·班纳吉从印度河下游的一群土丘中发现摩亨佐达罗古城的遗址。经过发掘后发现，古城是由于一次大火和特大爆炸而毁灭的。巨大的爆炸力将半径约1000米以内的建筑物全部摧毁了。

从发掘出来的人的骨骼的姿势可以看出，在灾难到来前，许多人还安闲地走在街道上。

是什么原因导致了大火和大爆炸呢？科学家经过多年研究后

得出结论，这是由黑色闪电所引起的。

科学家认为，形成黑色闪电的大气条件同时也能产生大量的有毒物质毒化空气。显然，古城的居民先是被这种有毒空气折磨了一阵，接着发生了猛烈的爆炸。

同时，大量的黑色闪电也存在着。只要其中有一个发生爆炸，便会产生连锁反应，其他的黑色闪电也紧跟着发生爆炸，爆炸产生的冲击波到达地面时，把城市毁灭了。

此外，和球状闪电一样，一般的避雷设施对黑色闪电不起作用，灵活多变的黑色闪电常常很顺利地落到防雷措施很严密的储

油罐、储气罐、变压器、炸药库附近。这个时候，千万不能接近它，更不可碰它，因为黑色闪电被人接近时，容易变成球状闪电，而球状闪电爆炸的可能性更大。

延 伸 阅 读

前苏联军队上校包格旦诺夫在莫斯科市的大白天里也目睹到一个平稳的、冒着气的黑色闪电，直径大约0.25米至0.3米，像是雾状的凝结物。它的身后呈淡红色的阴影，周围呈现深棕色的光轮，不久就爆炸了。

豪雨灾害的形成和危害

什么是豪雨

豪雨就是大雨的定义，当有连续降雨，而且一日雨量累积到130毫米时，会发布"豪雨特报"；如果降雨量不到130毫米，却在50毫米以上，且有可能造成灾害时，便发布"大雨特报"。

这种大雨灾变天气最常在五六月的梅雨季节发生，或者在春秋雨季的锋面及夏季偏南气流强盛时，产生对流性大雨或豪雨。台风来袭，引进呈西南方向的强劲气流，也是大雨或豪雨的成因之一。

豪雨是一种灾害性天气，往往造成洪涝灾害和严重的水土流失，导致工程失事、堤防溃决和农作物被淹等重大的经济损失。特别是对于一些地势低洼、地形闭塞的地区，雨水不能迅速宣泄造成农田积水和土壤水分过度饱和，会造成更多的地质灾害。

豪雨的成因

豪雨形成的过程是相当复杂的，一般从宏观物理条件来说，产生豪雨的主要物理条件是充足并且源源不断的水汽、强盛而持久的气流上升运动和大气层结构的不稳定。

各种尺度的天气系统和下垫面特别是地形的有利组合可产生豪雨。引起我国豪雨的天气系统主要有锋、气旋、切变线、低涡、槽、台风、东风波和热带辐合带等。

此外在干旱与半干旱的局部地区，热力性雷阵雨也可造成短历时、小面积的豪雨。

　　豪雨常常是从积雨云中落下的。形成积雨云的条件是大气中要含有充足的水汽，并有强烈的上升运动，把水汽迅速向上输送，云内的水滴受上升运动的影响不断增大，直到上升气流托不住时，就急剧地降落到地面。

　　另有科学家认为，水土流失，森林破坏是豪雨产生的重要原因之一。因为森林破坏会使下雨时流出森林集水区的水量增加，因而加大洪水量。

　　也有人认为，圣婴现象（即厄尔尼诺现象）及圣女现象的出现，可能引起气象异常而导致集中发生豪雨。

　　厄尔尼诺洋流是在圣诞节之后，沿南美洲秘鲁海岸发生的由北向南的暖洋流。一般来讲，会使平时雨量少的东太平洋热带地区出现豪雨，而原本多雨的西太平洋热带地区雨量减少，甚至可能发生干旱。

圣女现象则为热带太平洋东部及中部海面温度不寻常降低，信风变强的现象。

全球气温升高，是比较受重视的豪雨发生原因。已有研究指出，因全球气候暖化，造成地球的平均水蒸气量增加，强烈降雨现象及热带性低气压的降雨量也会增加，河流的流量也增加7％以上。

台湾的豪雨灾害

台湾的地理位置、气候条件及地形地势所形成的自然环境多豪雨洪水，滚滚黄流中的泥土沙石淤积形成台北盆地，以及兰阳、台中、彰云、嘉南、高雄和屏东等各平原。

丰沛雨水所形成的这些无垠的沃野，正是原住民赖以猎食维生的大地，更是渡海拓荒垦殖的先祖们所面对的自然环境。先人历经三四百年的艰辛努力，才建立起今日的台湾。

台湾是我国外贸的重要通道。因此也可以说，没有豪雨洪

水，就没有富庶繁荣的台湾。

虽然豪雨洪水促成台湾的文明，但发生豪雨洪水时，水势湍急，波涛汹涌，山崩土埋，溢流漫淹，均会造成生命和财产的重大损失。

根据统计，1961年～1991年的30年间，台湾平均每年因水灾造成的直接损失达142亿元，约为国民生产毛额的0.68%。为了能防洪避洪以减灾安民，进而蓄洪用洪以兴利裕民，就应研究台湾的豪雨洪水现象，才能对豪雨规划出适当有效的对策。

1624年，在荷兰人占据台湾之前，已有我国人民移居台湾，但直至1683年台湾归清，文献上有关台风豪雨的纪录并不多。1661年，郑成功从荷兰侵略者手里收复了沦陷38年的中国神圣领土台湾。

清代虽然还没有近代的水文仪器测量豪雨洪水的大小，但从各种历史文献及奏章中，可以找

到发生重大豪雨洪水的日期及灾情的记录，有些也记载淹水的深度。如果只计算台湾属于清代的时间，即1683年至1895年，在此213年间，共计有220次风灾及水灾，平均每年发生1.03次。

从1896年至1945年的49年间，共有178次台风侵袭台湾，平均每年有3.63次，但并非每次台风均会发生灾害。

1912年至1941年发生水灾的频率最高，平均每年2.2次，约与清朝末年相当。由1945年至2002年的57年间，侵袭台湾的台风共有243次，平均每年4.26次。其中1991年及2001年各有8次，是历年来最多的，有7次台风的有3年，有6次台风的也有3年。

由1948年至2000年，台湾另有37次是因豪雨成灾。例如1959年的八七水灾，合计共有183次水灾，平均每年有4.25次。发生水灾次数最多的是2000年的9次，1990年及1994年各有8次，而每年发生7次的则有5年，都在1981年以后。

每年由于人口与开发利用面积的增加，因豪雨造成水灾的次数也在增加。

延　伸　阅　读

　　1910年，法国巴黎发生的豪雨洪水，使整个巴黎盆地变成汪洋泽国，也使1900年才通车的巴黎第一条地下铁道全浸泡在水中，后来巴黎地铁经过7个多月的修复才得以通车。

酸雨灾害的危害和防治

酸雨的巨大危害

雨水能够冲刷空气中的污秽，一场雨之后空气总是格外清新，然而在这淅淅沥沥的雨水中可能隐藏着一个看不见的杀手，那就是酸雨。

酸雨又被称作"天堂的眼泪"或"空中的死神"，它是人类遇到的全球性灾害之一。目前，全球有三大主要的酸雨地区：西欧、北美和东南亚，我国长江以南也存在着连片的酸雨区域。

　　酸雨就是呈酸性的雨。纯净的水是中性，pH值为7，但是大气中的二氧化碳是一种酸性气体，易溶于水形成弱碳酸，使雨水的pH值小于7，表示出轻微的酸性，不过这时候的雨水还不足以被称为酸雨，因为洁净或略带酸性的雨水能使水中的营养物质溶解，有助于植物吸收利用。酸雨主要是人为的向大气中排放大量酸性物质所造成的。中国的酸雨主要因大量燃烧含硫量高的煤而形成的，多为硫酸雨，少为硝酸雨，此外，各种机动车排放的尾气也是形成酸雨的重要原因。

　　下酸雨时，树叶会受到严重侵蚀，树木的生存受到严重危害，并且，地面也会酸化。在土壤中生长着许许多多的细菌生物，这些生物对植物的生长有着极为重要的作用。例如，在黑土里生长着与世界人口一样多的细菌。若土壤被酸雨侵蚀，除一少部分之外，土壤里面的大多数细菌都将无法存活。此外，土壤中的营养成分被酸溶解后会流失掉，这也构成了对树木的危害。

在加拿大和欧洲，有15%到60%的森林受到不同程度的酸雨侵蚀而大面积枯萎。若如此下去，在不久的将来，森林就将会部消失。不仅森林受到严重威胁，土壤由于受到酸性侵蚀，也会引起农业减产。此外，酸雨容易腐蚀水泥、大理石，并能使铁金属表面生锈，因此，建筑物容易受损，公园中的雕刻以及许多古代遗迹也容易受腐蚀。

酸雨造成的危害，若用金钱来衡量，损失是巨大的，况且许多损失是用金钱无法挽回的。

酸雨产生的原因

如果雨水的酸性继续增加成为酸雨，就会对环境造成巨大的破坏。那么是什么原因使天空中的降水变成酸性呢？

在人类进入工业革命以后，随着工业化进程的加快，煤炭、石油等化学燃料的消耗数量成倍的增加，这些燃料推动了社会生产和生活的发展，同时也使排放到大气中的废气与日俱增。

煤中含有杂质硫，在燃烧的过程中会排放出大量的二氧化硫，石油燃烧时也会释放出大量氮氧化物，而二氧化硫和氮氧化物就是造成酸雨的罪魁祸首。酸雨还有一些同胞兄弟，如酸雪、酸雾和酸性的固体尘埃等，这个酸性家族虽然是工业文明之后，大气中的新成员，但它们对地球的侵蚀，已经让人类尝到了自身行为的恶果。

酸雨的首次发现

人类第一次发现酸雨是在1872年，英国化学家史密斯发现伦敦的雨呈现出明显的酸性，于是在一篇著作中首先提出酸雨这个专用名词，认为酸雨是在燃料燃烧后释放出酸性物质造成的。

20世纪60年代，瑞典土壤学家奥登发现，酸雨是欧洲的一种大面积污染现象，降水和

地面水的酸性越来越高，导致森林生长缓慢、植物病害增加，材料腐蚀加快。

1972年瑞典政府组成了一个科学小组，向联合国人类环境会议提交了一份名为《穿越国界的大气污染——大气和降水中的硫对环境的影响》的报告，从此酸雨开始成为全球重要的环境研究课题，一些国家相继开展了这方面的研究工作。

我国三大酸雨区

我国酸雨主要是硫酸型，有三大酸雨区。

华中酸雨区：目前它已成为全国酸雨污染范围最大，中心强度最高的酸雨污染区。

西南酸雨区：是仅次于华中酸雨区的降水污染严重区域。

华东沿海酸雨区：它的污染强度低于华中、西南酸雨区。

如何防治酸雨

世界上酸雨最严重的欧洲和北美许多国家在遭受多年的酸雨危害之后，终于都认识到，大气无国界，防治酸雨是一个国际性的环境问题，不能依靠一个国家单独解决，必须共同采取对策，减少硫氧化物和氮氧化物的排放量。

经过多次协商，1979年11月在日内瓦举行的联合国欧洲经济委员会的环境部长会议上，通过了《控制长距离越境空气污染公约》，并于1983年生效。《公约》规定，到1993年底缔约国必须把二氧化硫排放量削减为1980年排放量的70%。欧洲和北美等32个国家都在公约上签了字。为了实现许诺，多数国家都已经采取了积极的对策，制订了减少致酸物排放量的法规。

各国具体应从以下几个方面做好防止酸雨的工作：

1.开发新能源，如氢能、太阳能、水能、潮汐能、地热能等，尽量减少空气的污染。

2.使用燃煤脱硫技术，减少二氧化硫排放。

3.工业生产排放气体处理后再排放。

4.倡导个体少开车，多乘坐公共交通工具出行。

5.提倡使用天然气或电能等较清洁能源，少用煤。

延 伸 阅 读

20世纪80年代初，欧洲22国有1000万公顷的森林受到酸雨的破坏，直接经济损失达90亿美元。同年，美国的谷物因为酸雨减产导致了35亿美元的损失。

灰霾灾害的成因和应对

灰霾天气的定义

灰霾又称大气棕色云，在中国气象局的《地面气象观测规范》中，灰霾天气被这样定义："大量极细微的干尘粒等均匀地浮游在空中，使水平能见度小于10千米的空气普遍有混浊现象，使远处光亮物微带黄、红色，使黑暗物微带蓝色。"

目前，在我国存在着四个灰霾严重地区：黄淮海地区、长江河谷、四川盆地和珠江三角洲。

雾和灰霾的区别

雾是气溶胶系统，是由大量悬浮在近地面空气中的微小水滴或冰晶组成的、能见度降低至1千米以内的自然现象。

一般来讲，雾和霾的区别主要在于水分含量的大小：水分含量达到90%以上的叫雾，水分含量低于80%的叫霾。80%~90%之间的，是雾和霾的混合物，但主要成分是霾。

就能见度来区分：如果目标物的水平能见度降低到1千米以内，就是雾；水平能见度在1千米~10千米的，称为轻雾或霭；水平能见度小于10千米，且是灰尘颗粒造成的，就是霾或灰霾。

另外，雾和霾还有一些肉眼看得见的"不一样"：雾的厚度只有几十米至200米，霾则有1千米~3千米；雾的颜色是乳白色、青白色，霾则是黄色、橙灰色；雾的边界很清晰，过了"雾区"可能就是晴空万里，而霾则与周围环境边界不明显。

灰霾的成因

灰霾作为一种自然现象，其形成有三方面因素。

1.水平方向静风现象增多。近年来随着城市建设的迅速发展，大楼越建越高，增大了地面摩擦系数，使风流经城区时明显减弱。静风现象增多，不利于大气污染物向城区外围扩展稀释，并容易在城区内积累高浓度污染。

2.垂直方向的逆温现象。逆温层好比一个锅盖覆盖在城市上空，使城市上空出现了高空比低空气温更高的逆温现象。污染物在正常气候条件下，从气温高的低空向气温低的高空扩散，逐渐循环排放到大气中。但是逆温现象下，低空的气温反而更低，导致污染物的停留，不能及时排放出去。

3.悬浮颗粒物的增加。近些年来随着工业的发展，机动车辆的增多，污染物排放和城市悬浮物大量增加，直接导致了能见度降低，使整个城市看起来灰蒙蒙一片。

灰霾的危害

1.影响身体健康。灰霾的组成成分非常复杂，包括数百种大气颗粒物。其中有害人类健康的主要是直径小于10微米的气溶胶粒子，如矿物颗粒物、海盐、硫酸盐、硝酸盐、有机气溶胶粒子等，它能直接进入并黏附在人体上呼吸道、下呼吸道和肺叶中。

由于灰霾中的大气气溶胶大部分均可被人体呼吸道吸入，尤其是亚微米粒子会分别沉积于上呼吸道、下呼吸道和肺泡中，引起鼻炎、支气管炎等病症，长期处于这种环境还会诱发肺癌。

此外，由于太阳中的紫外线是人体合成维生素D的唯一途径，紫外线辐射的减弱直接导致小儿佝偻病高发。另外，紫外线是自然界杀灭大气微生物（如细菌、病毒等）的主要武器，灰霾天气导致近地层紫外线的减弱，易使空气中的传染性病菌的活性增强，传染病增多。

2.影响心理健康。灰霾天气容易让人产生悲观情绪，如不及时调节，很容易失控。

3.影响交通安全。出现灰霾天气时，室外能见度低，污染持续，交通阻塞，事故频发。

4.影响区域气候。使区域极端气候事件频繁，气象灾害连连。更令人担忧的是，灰霾还加快了城市遭受光化学烟雾污染的提前到来。

光化学烟雾是一种淡蓝色的烟雾，汽车尾气和工厂废气里含大量氮氧化物和碳氢化合物，这些气体在阳光和紫外线作用下，会发生光化学反应，产生光化学烟雾。它的主要成分是一系列氧化剂，如臭氧、醛类、酮等，毒性很大，对人体有强烈的刺激作用，严重时会使人出现呼吸困难、视力衰退、手足抽搐等现象。

如何应对灰霾

首先，应建立灰霾指数预报和灰霾天气的预警机制。在城市设立地基光学观测点，与卫星遥感资料相匹配，开展气溶胶光学厚度的监测。同时，在城市周边地区布设水平能见度观测站和垂直能见度观测站，开展水平能见度和垂直能见度的观测并直接进行灰霾天气公众服务；开展大气边界层探测，定时掌握逆温等边界层特征与灰霾天气的关系，认识工业化、城市化对大气边界层结构的影响，提高灰霾天气预测的准确性，提高监测、预防灰霾天气的能力。

加强对太阳辐射的监测，评估大气灰霾对农业生产和气候变化的影响等。建立灰霾天气预测预报系统与建立动态控制排污系统、控制污染源排放的决策系统结合起来，才能有效地对付灰霾。从现在掌握的情况来看，城市化和工业化是灰霾产生的主要因素，而灰霾天气出现的一个气象特征是其区域有一个气流停滞区。国外有些发达国家利用不同气象条件对社会生产进行动态调控的方法来尽量解决灰霾的危害，其实质是对污染源进行总量调节。在美国，一旦监测到某区域有气流停滞时，该地区的工业气体排放都将受到控制，而当大气条件好、空气扩散能力强时，则可充分排放。

其次，应采取严厉措施限制机动车尾气排放和工业气体排放，以消除或减轻灰霾对城市的危害。同时城市群之间应统筹考虑灰霾的防治工作。作为地区性的气候灾害现象，治理时也要地区联手，才能达到最佳的治理效果。

最后，在城市规划中，要注意研究城区上升气流到郊区下沉的距离，将污染严重的工业企业布局在下沉距离之外，避免这些工厂排出的污染物从近地面流向城区；还应将卫星城建在城市热

岛环流之外，以避免相互污染。

　　要充分考虑大气的扩散条件，预留空气通道。增加城市绿地，让城市绿地发挥吸烟除尘、过滤空气及美化环境等环境效益，从而净化城市大气，改善城市大气质量。

延 伸 阅 读

　　国家标准对于造成灰霾的主要四种大气成分，即直径小于2.5微米的气溶胶质量浓度、直径小于1微米的气溶胶质量浓度、气溶胶散射系数和气溶胶吸收系数都有规定，只要其中有一种充分指标超过限值，就是灰霾。

太阳风的形成和危害

什么是太阳风

太阳风是从太阳大气最外层的日冕向空间持续抛射出来的物质粒子流，是一种以200千米/秒～800千米/秒的速度运动的等离子流，它来自于太阳的内部，是连续存在的。物质粒子流是从冕洞中喷射出来的，其主要成分是氢粒子和氦粒子。

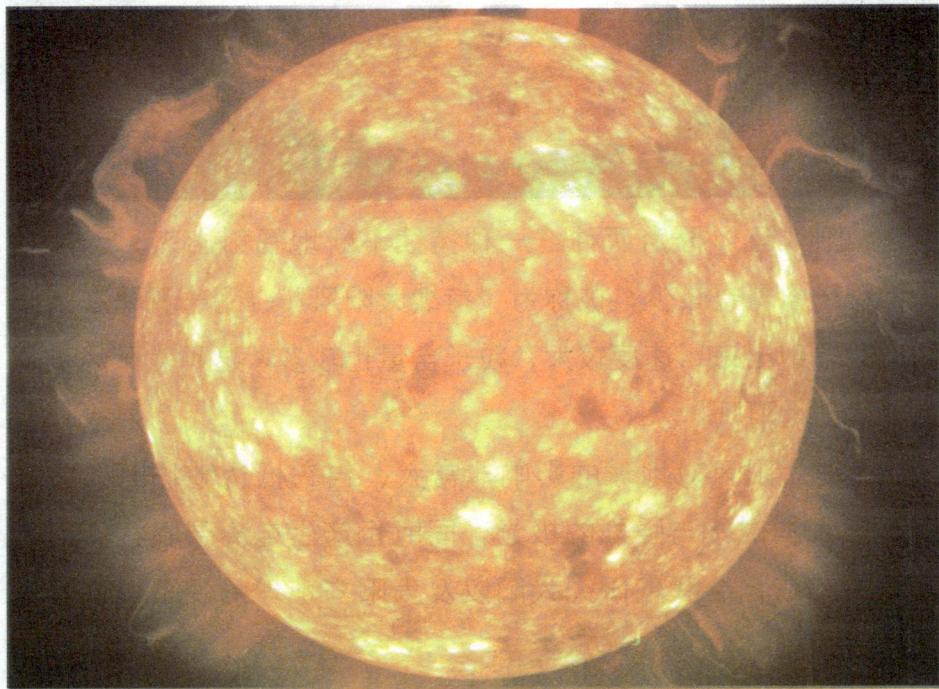

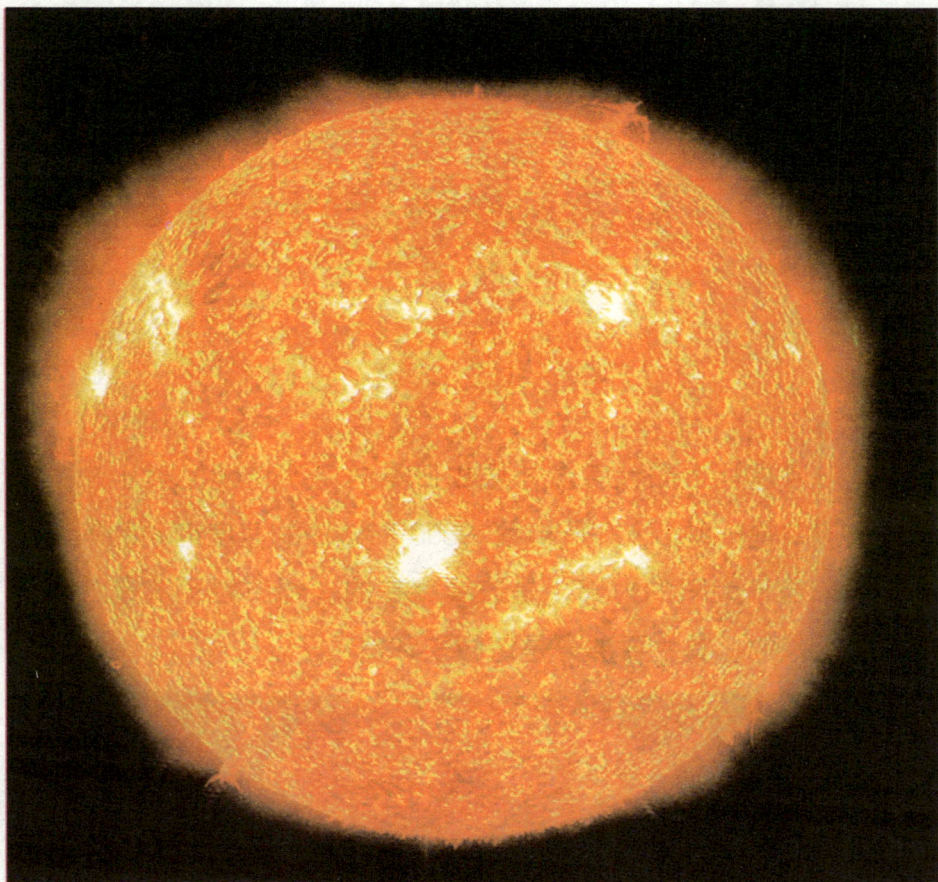

太阳风可以分为两种：一种持续不断地辐射出来，速度较小，粒子含量也较少，被称为"持续太阳风"；另一种是在太阳活动时辐射出来，速度较大，粒子含量也较多，这种太阳风被称为"扰动太阳风"。

扰动太阳风对地球的影响非常大，当它抵达地球时，往往引起很大的磁暴与强烈的极光，同时也产生电离层骚扰。而太阳风的存在，给我们研究太阳以及太阳与地球的关系提供了重要的线索。

太阳风的形成

为了能够清楚地表述出太阳风是怎样形成的，我们先来了解一下太阳大气的分层情况：一般情况下，把太阳大气分为6层，由内往外依次命名为日核、辐射区、对流层、光球、色球和日冕。然而，日核的半径占太阳半径的1/4左右，日核集中了太阳质量的大部分，并且是太阳99％以上的能量的发生地。光球是我们平常所见的最为明亮的太阳圆面，太阳的可见光全部是由光球面发射出来的。日冕位于太阳的最外层，属于太阳的外层大气，太阳风就是在这里形成并发射出去的。

通过人造卫星和宇宙空间探测器拍摄的照片，我们可以发现在日冕上长期存在着一些长条形的大尺度的黑暗区域。这些黑暗区域的X射线强度比其他区域要低得多，从表面上看就像日冕上的

一些洞，所以，人们就形象地称之为冕洞。

　　冕洞是太阳磁场的开放区域，这里的磁力线向宇宙空间扩散，大量的等离子体顺着磁力线跑出去，形成高速运动的粒子流。粒子流在冕洞底部运行的速度为每秒16千米左右，每当到达地球轨道附近时，速度可达每秒800千米以上，这种高速运动的等离子体流也就是我们所说的太阳风。

　　太阳风从冕洞喷发而出后，夹带着被裹挟在其中的太阳磁场向四周迅速吹散，太阳风涉及范围非常大，太阳风至少可以吹遍整个太阳系。太阳风在地球上空环绕地球流动，以大约每秒400千米的速度撞击着地球磁场。

　　当太阳风到达地球附近的时候，与地球的偶极磁场发生着作用，并把地球磁场的磁力线吹得向后弯曲。

　　但是地磁场的磁压阻滞了等离子体流的运动，使得太阳风不能侵入地球大气而绕过地磁场继续向前运动。于是就形成一个个空腔，地磁场被包含在这个空腔里。此时的地磁场外形就像一个一头大一头小的蛋状物。但是，当太阳出现突发性的剧烈活动时，情况会发生明显的变化。此时太阳风中的高能离子会增多，这些高能离子能够沿着磁力线侵入地球的极区。

　　地球磁场形如漏斗，尖端对着地球的南北两个磁极，因此太阳发出的带电粒子沿着地磁场这个"漏斗"沉降，进入地球南北两极地区。两极的高层大气，受到太阳风的轰击后，产生绚丽壮观的极光，在南极地区形成的叫南极光，在北极地区形成的叫北极光。这种极光是非常美丽的。

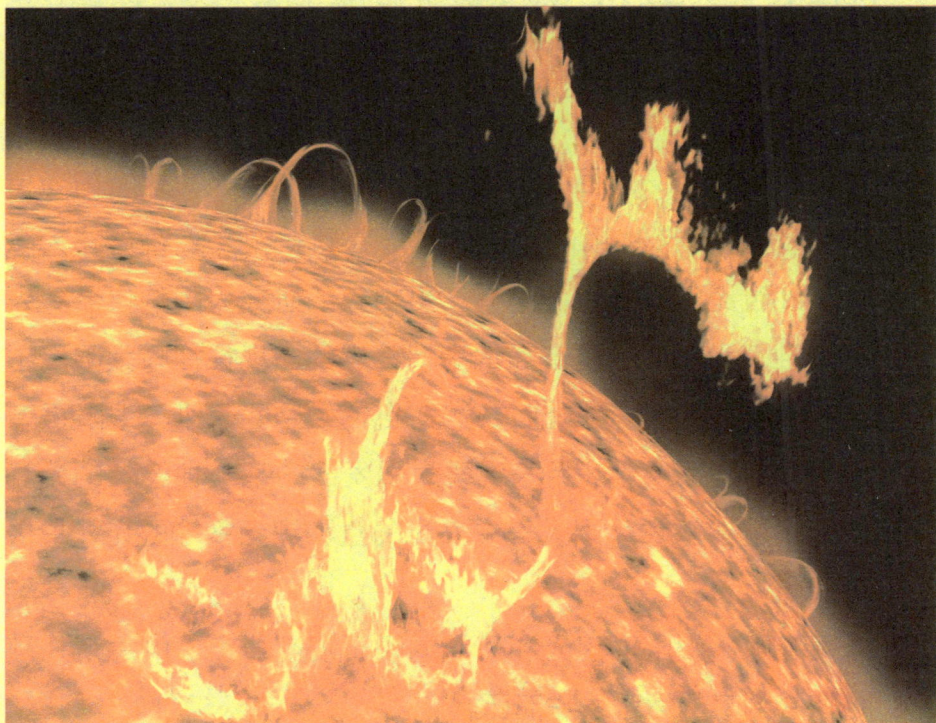

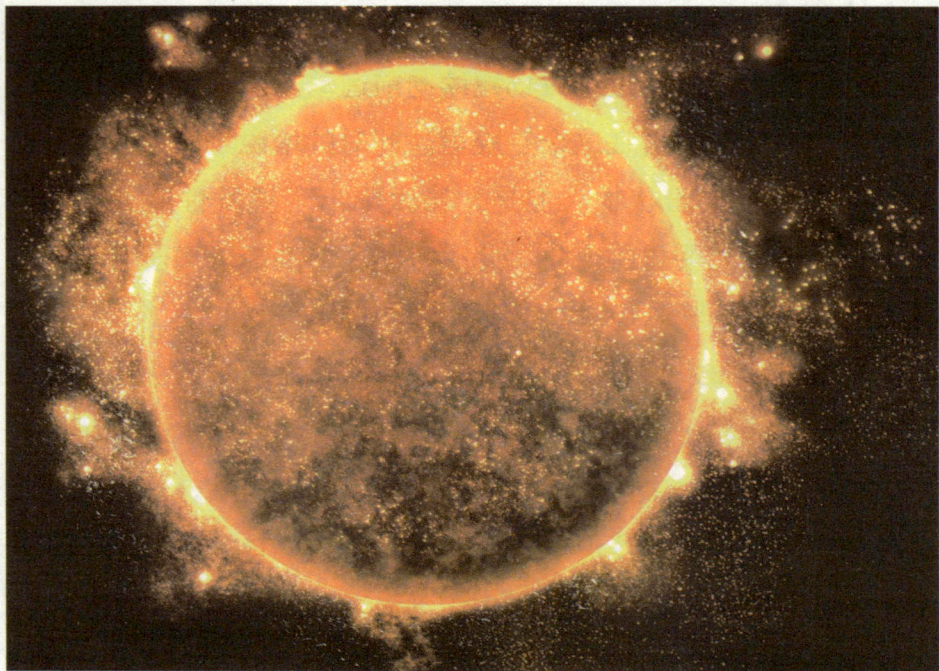

太阳风的发现

1850年，一位名叫卡林顿的英国天文学家在观察太阳黑子的时候，发现在太阳表面上出现了一道小小的闪光，这道闪光持续了大约5分钟。卡林顿认为自己碰巧看到一颗大陨石落在太阳上。到了20世纪20年代，由于有了更精致的研究太阳的仪器。人们发现这种"太阳光"是普通的事情，它的出现往往与太阳黑子有关。例如，1899年美国天文学家霍尔发明了一种"太阳摄谱仪"，"太阳摄谱仪"能够用来观察太阳发出的某一种波长的光。这样，人们就能够靠太阳大气中发光的氢和钙元素等的光，拍摄到太阳的照片。

结果查明，太阳的闪光和所谓的陨石没有一点点的关系，那不过是炽热的氢的短暂爆炸而已。

太阳上小型的闪光是十分普通的事情，在太阳黑子密集的部位，一天能观察到一百次之多，特别是当黑子在"生长"的过程中更是如此。像卡林顿所看到的那种巨大的闪光是很罕见的，一年中发生的几率很小。

有时候，这种闪光正好发生在太阳表面的中心，这样闪光爆发的方向正好冲着地球。在这种爆发现象过后，地球上会一再出现奇怪的事情。一连几天，极光都会很强烈，有时甚至在温带地区都能看到。罗盘上的指针也会不安分起来，发狂似地摆动。因此，这种效应有时被称为"磁暴"。

太阳风的危害

在19世纪之前，这类情况对人类并没有什么严重的影响。但

是，到了20世纪人们发现磁暴会影响无线电接收，各种电子设备也会受到影响。由于人类越来越依赖于这些设备，磁暴的影响也就越来越大了。

比如说，在磁暴期内，无线电和电视传播会中断，雷达不能做出相应的工作，同时卫星的运行也会产生影响。

当太阳风掠过地球时，还会使电磁场发生变化，引起地磁暴、电离层暴，并影响通讯，特别是短波通讯。

太阳风还会对地面的电力网、管道发送强大元电荷，影响输电、输油、输气管线系统的安全。

一次太阳风的辐射量对一个人来说很容易达到多次的X线检查量。它还会引起人体免疫力的下降，很容易引起病变，也会使人情绪易波动，甚至使车祸增多。另外，当太阳风暴发生时，气温会显著增高。

天文学家更加仔细地研究了太阳的闪光，发现在这些爆发中显然有炽热的氢被抛得远远的，其中有一些会克服太阳的巨大引力射入空间。质子就是氢的原子核，因此太阳的周围有一层质子云，还伴有少量复杂原子核。1958年，美国物理学家帕克把这种向外涌的质子云称作为"太阳风"。

向地球方向涌来的质子在抵达地球时，大部分会被地球自身的磁场推开。不过还是有一些会进入大气层，从而引起极光和各种电的现象。向地球方向射来的强大质子云的一次特大爆发，会产生"太阳风暴"的现象，这时，磁暴效应就会出现，这种"太阳风暴"是非常强悍的。

太阳风使彗星产生了"尾巴"。当彗星在靠近太阳时，星体周围的尘埃和气体会被太阳风吹到后面去。这一效应也在人造卫星上得到了证实。像"回声一号"那样又大又轻的卫星，就会被太阳风显著吹离原来的轨道。

延 伸 阅 读

太阳风的预防：专家认为，从太阳耀斑产生到日冕抛射出的带电粒子到达地球的时间为数十小时。在这个时间间隔内，可以采取主动的防御措施。比如使卫星处于收藏状态，对磁高纬地区降低输电线电压或关闭电网等。

雨凇灾害的形成和危害

什么是雨凇

超冷却的降水在碰到温度等于或低于零摄氏度的物体表面时所形成玻璃状的透明或无泽的表面粗糙的冰覆盖层，叫做雨凇，俗称"树挂"，也叫冰凌、树凝，形成雨凇的雨称为冻雨。我国南方把冻雨叫做"下冰凌""天凌"或"牛皮凌"。

《春秋》载：成公十六年十有六年春，王正月，雨，木冰。这则记载的意思是:鲁成公十六年（即公元前575年）春天，周历

正月，下雨，树木枝条上凝聚了雨冰。这是世界上对雨凇的较早记载。

雨凇的形态

雨凇比其他形式的冰粒坚硬、透明而且密度大（0.85克/立方厘米），和雨凇相似的雾凇密度却只有0.25克/立方厘米。

雨凇的结构清晰可见，表面一般都比较光滑，其横截面呈楔状或椭圆状，它可以发生在水平面上，也可发生在垂直面上，与风向有很大关系，多形成于树木的迎风面上尖端朝风的来向。根据它们的形态分为梳状雨凇、椭圆状雨凇、匣状雨凇和波状雨凇等。

雨凇的形成

雨凇和雾凇的形成机制差不多，通常出现在阴天，多为冷雨产生，持续时间一般较长，日变化不很明显，昼夜均可产生。

雨凇是在特定的天气背景下产生的降水现象。形成雨凇时的典型天气是微寒，也就是温度在0℃～3℃之间，有雨、风力强、雾滴大，多在冷空气与暖空气交锋且暖空气势力较强的情况下才会发生。

在风雨交加，温度接近冰点的条件下，江淮流域上空的西北气流和西南气流都很强，地面有冷空气侵入，这时靠近地面一层的空气温度较低（稍低于零摄氏度），1500米至3000米上空又有温度高于零摄氏度的暖气流北上，形成一个暖空气层或云层。

3000米以上则是高空大气，温度低于0℃，云层温度往往在零下10℃以下，即2000米左右高空，大气温度一般为0℃左右，而2000米以下温度又低于0℃，也就是近地面存在一个逆温层。大气垂直结构呈上下冷、中间暖的状态，自上而下分别为冰晶层、暖

层和冷层。

从冰晶层掉下来的雪花通过暖层时融化成雨滴，接着当它进入靠近地面的冷气层时，雨滴便迅速冷却，成为过冷却雨滴，被称为"过冷却"水滴（如过冷却雨滴、过冷却雾滴），形成雨凇的雾滴、水滴均较大，而且凝结的速度也快。

由于这些雨滴的直径很小，温度虽然降到0℃以下，但还来不及冻结便掉了下来。

当这些过冷却雨滴降至温度低于0℃的地面及树枝、电线等物体上时，便集聚起来布满物体表面，并立即冻结。冻结成毛玻璃状透明或半透明的冰层，使树枝或电线变成粗粗的冰棍，一般外表光滑或略有隆突，有时还边滴淌边冻结，结成一条条长长的冰柱，就变成了我们所说的"雨凇"。

如果雨凇是由非过冷却雨滴降到冷却得很厉害的地面或物体

上及雨夹雪凝附和冻结而形成的时候，即由外表非晶体形成的冰层和晶体状结冰共同混合组成，一般这种雨凇很薄，并且存在的时间相对来说不长。

雨凇的时间与分布

雨凇大多出现在1月上旬至2月上中旬的一个多月内，起始日期具有北方早南方迟、山区早平原迟的特点，结束日则相反。

地势较高的山区，雨凇开始早，结束晚，雨凇期略长。如皖南的黄山光明顶，雨凇一般发生在11月上旬初开始，次年4月上旬结束，长达5个月之久。

据统计，江淮流域的雨凇天气，淮河以北地区2年至3年一遇，淮河以南7年至8年一遇。但在山区，山谷和山顶差异较大，山区的

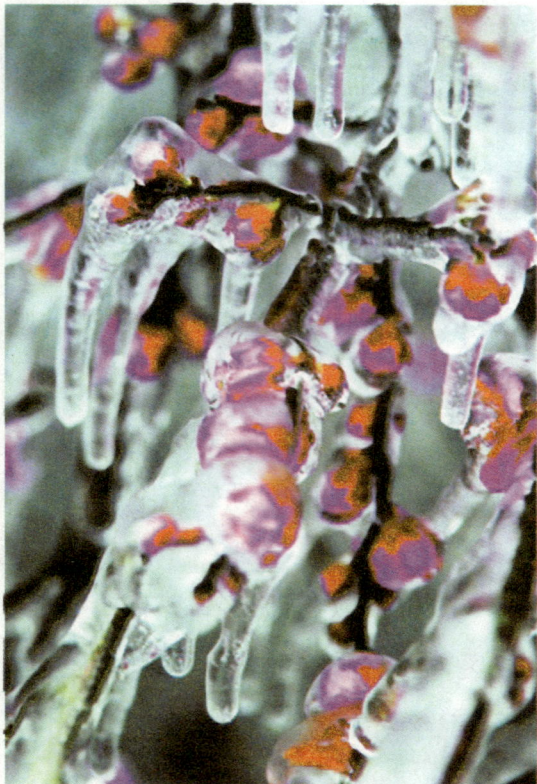

部分谷地几乎没有雨凇，而山势较高处几乎年年都有雨凇发生。

雨凇以山地和湖区多见。我国大部分地区雨凇都在12月至次年3月出现。我国年平均雨凇日数分布特点是南方多、北方少，然而华南地区因冬暖，极少有接近零度的低温，因此既无冰雹也无雨凇；潮湿地区多而干旱地区少。

我国年平均雨凇日数在20天～30天以上的台站，差不多都是高山站。而平原地区绝大多数台站的年平均雨凇日数都在5天以下。

雨凇最多的季节常发生在冬季，严寒的北方地区较温暖的春秋季节为多，如长白山天池气象站雨凇最多月份是5月，平均出现5.7天，其次是9月，平均雨凇日3.5天，冬季12月～3月因气温太低没有出现过雨凇。

而南方则以较冷的冬季为多，如峨眉山气象站12月雨凇日数平均多达26.4天，1月份也达24.6天，甚至有的年份12月、1月和3月都曾出现过天天有雨凇的情况。

　　雨凇积冰的直径一般为40毫米～70毫米，也有的几百毫米，我国雨凇积冰最大直径出现在衡山南岳，达1200毫米，其次是巴东绿葱坡711毫米，再次为湖南雪峰山的648毫米。

　　雨凇与地表水的结冰有明显不同，雨凇边降边冻，能立即黏附在裸露物的外表而不流失，形成越来越厚的坚实冰层，从而使物体负重加大，严重的雨凇会压断树枝、农作物、电线、房屋，妨碍交通。

　　气象站观测雨凇积冰直径用的方法是：由于雨凇在结冰的过程中，导线变得越来越粗，但当雨凇积累到一定直径时，"雨凇冰棍"必然逐渐碎裂，这时气象观测人员就干脆全部清除残冰，让雨凇重新在导线上冻结。在高山上，也许要连续清除几次以至十几次，雨凇过程才告停止。按气象部门规定，各次碎裂时最大直径之和就是全部雨凇过程的最大积冰直径。

雨凇造成的的危害

虽然雨凇使大地银装素裹、晶莹剔透、美轮美奂，风光无限，但雨凇却是一种灾害性天气，不易铲除，破坏性强，它所造成的危害是不可忽视的。

雨凇的危害程度与雨凇持续时间有直接的关系。上海市1957年1月曾出现一次雨凇，持续了30小时9分钟；北京最长连续雨凇时数是30小时42分钟，发生在1957年3月；哈尔滨最长持续28小时29分钟，发生在1956年10月。

我国雨凇连续时数最长的地方也发生在峨眉山，从1969年11月15日一直持续到1970年3月28日，即持续3198小时54分钟之多；其次是衡山从1976年12月24日～1977年2月19日，即持续1370小时57分钟；第三为湖南的雪峰山，从1976年12月25日～1977年2月12日，即持续1192小时9分钟。

　　雨凇最大的危害是使供电线路中断，高压线高高的钢塔在下雪天时，可以会承受2～3倍的重量，但是如果有雨凇的话，可能会承受10～20倍的电线重量，电线或树枝上出现雨凇时，电线结冰后，遇冷收缩，加上风吹引起的震荡和雨凇重量的影响，能使电线和电话线不胜重荷而被压断，几千米以致几十千米的电线杆成排倾倒，造成输电、通讯中断，严重影响当地的工农业生产。历史上许多城市出现过高压线路因为雨凇而成排倒塌的情况。

　　雨凇也会威胁到飞机的飞行安全，飞机在有过冷水滴的云层中飞行时，机翼、螺旋桨会积水，影响飞机空气动力性能造成失事。因此，为了冬季飞行安全，现代飞机基本都安装有除冰设备。当路面上形成雨凇时，公路交通因地面结冰而受阻，频繁的交通事故也因此增多，山区公路上地面积冰也是十分危险的，往往使汽车滑向悬崖。

雨凇造成灾害的可能性与程度，都大大超过了雾凇，在高纬度地区，雨凇是常出现的灾害性天气现象。消除雨凇灾害的方法，主要是在雨凇出现时，采取人工落冰的措施，发动输电线沿线居民不断把电线上的雨凇敲刮干净，并对树木、电网采取支撑的措施；在飞机上安装除冰设备或干脆绕开冻雨区域飞行，可以减轻雨凇带来的毁灭性的灾难。

由于冰层不断地冻结加厚，常会压断树枝，因此雨凇对林木也会造成严重破坏。坚硬的冰层也能使覆盖在它下面的庄稼糜烂，如果麦田结冰，就会冻断返青的冬小麦，或冻死早春播种的作物幼苗。另外，雨凇还能大面积地破坏幼林、冻伤果树。农牧业和交通运输等方面受到较大程度的损失。严重的雨凇也会把房子压塌，危及人们的生命和财产的安全。

总之，雨凇是冬季的一种低温灾害，为了出行安全，航空、铁路、公路、电力、电信、邮政等部门以及广大民众都应十分重视，一定要把安全放在首位。

延 伸 阅 读

河北省承德市罕塞坝林场于1977年10月27日至28日，出现了一次罕见的雨凇，受灾面积40万亩，占当时有林地面积一半以上，使60多万棵树折断，损失成林5000多万株、蓄积30多万立方米；折合木材损失约96万立方米。

厄尔尼诺的产生和危害

什么是厄尔尼诺现象

厄尔尼诺现象又称厄尔尼诺海流，是发生在太平洋赤道带大范围内海洋和大气相互作用后失去平衡而产生的一种气候现象。

正常情况下，热带太平洋区域的季风洋流是从美洲走向亚洲，使太平洋表面保持内在的温暖，给印尼周围带来热带降雨。但这种模式每2年至7年就会被打乱一次，使风向和洋流发生逆转，太平洋表层的热流就转而向东走向美洲，随之便带走了热带降雨，出现所谓的"厄尔尼诺现象"。

厄尔尼诺现象的基本特征是太平洋沿岸的海面水温异常升高，海水水位上涨，并形成一股暖流向南流动。它使原属冷水域的太平洋东部水域变成暖水域，结果引起海啸和暴风骤

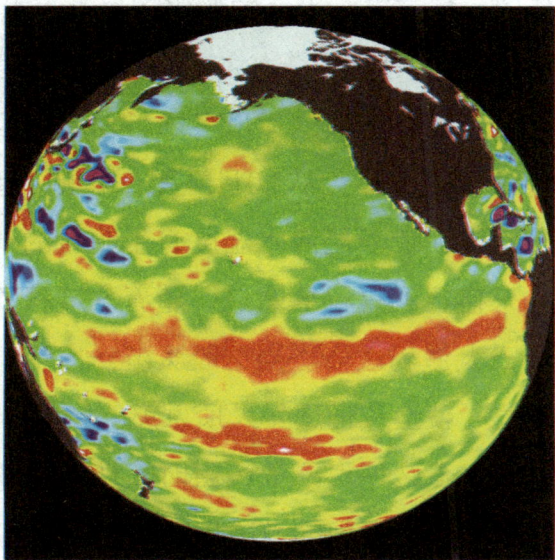

雨，造成一些地区干旱，另一些地区又降雨过多的异常气候现象。

厄尔尼诺的全过程分为发生期、发展期、维持期和衰减期，历时一年左右，大气的变化滞后于海水温度的变化。

"厄尔尼诺"一词来源于西班牙语，原意为"圣婴"。19世纪初，在南美洲的厄瓜多尔、秘鲁等西班牙语系的国家的渔民发现，每隔几年，从10月至第二年的3月便会出现一股沿海岸南移的暖流，使表层海水温度有了明显的升高。南美洲的太平洋东岸本来盛行的是秘鲁寒流，随着寒流移动的鱼群使秘鲁渔场成为世界三大渔场之一。当这股暖流一出现，性喜冷水的鱼类就会大量死亡，使渔民们遭受灭顶之灾。

由于这种现象最严重时往往发生在圣诞节前后，于是遭受天灾而又无可奈何的渔民将其称为上帝之子——圣婴。

厄尔尼诺现象的产生

在科学上此词语用于表示在秘鲁和厄瓜多尔附近几千千米的东太平洋海面温度的异常增暖现象。当这种现象发生的情况下，大范围的海水温度可比常年高出3℃～6℃。太平洋广大水域的水温升高，改变了传统的赤道洋流和东南信风，导致全球性的气候反常。

在气象科学高度发达的今天，人们都已经了解到，太平洋的中央部分是北半球夏季气候变化的主要动力源。

在通常的情况下，太平洋沿南美大陆西侧有一股北上的秘鲁寒流，其中一部分变成赤道海流向西移动，此时，沿赤道附近海域向西吹的季风使暖流向太平洋西侧积聚，而下层冷海水则在东侧涌升，使太平洋西段的部分菲律宾以南、新几内亚以北的海水

温度升高，这一段海域被称为"赤道暖池"，同纬度东段海温则相对较低。

对应这两个海域上空的大气也存在温差，东边的温度低、气压高，冷空气下沉后向西流动；西边的温度高、气压低，热空气上升后转向东流。

这样，在太平洋中部就形成了一个海平面冷空气向西流，高空热空气向东流的大气环流，这个环流在海平面附近就形成了东南信风。但有些时候，这个气压差会低于多年平均值，有时又会增大，这种大气变动现象被称为"南方涛动"。

在20世纪60年代的时候，气象学家发现厄尔尼诺和南方涛动密切相关，气压差减小时，便出现厄尔尼诺现象。

厄尔尼诺发生后，由于暖流的增温，太平洋由东向西流的季风大为减弱，使大气环流发生明显改变，极大影响了太平洋沿岸各国气候，本来湿润的地区干旱，干旱的地区出现洪涝。而这种气压差增大时，海水温度会异常降低，这种现象被称为"拉尼娜现象"。

根据近50年的气象资料，厄尔尼诺现象发生后，我国当年冬季温度偏高的几率较大，第二年我国南部地区夏季降水容易偏多，而北方地区往往出现大面积的干旱现象。

据历史记载，自1950年以来，世界上共发生多次厄尔尼诺现象，其中1997年至1998年发生的最为严重。主要表现在：从北半球到南半球，从非洲到拉美，气候变得古怪而不可思议，该凉爽的地方骄阳似火，温暖如春的季节突然下起来大雪，雨季到来却迟迟滴雨不下，正值旱季却洪水泛滥。

科学家们认为，厄尔尼诺现象的发生与人类自然环境的日益

恶化有关，是地球温室效应增加的直接结果，与人类向大自然过多索取而不注意环境保护有关。

厄尔尼诺现象的研究

由于科技的发展和世界各国的重视，科学家们对厄尔尼诺现象通过采取一系列预报模型、海洋观测和卫星侦察、海洋大气偶合等科研活动，深化了对这种气候异常现象的认识。

首先认识到厄尔尼诺现象出现的物理过程是海洋和大气相互作用的结果，即海洋温度的变化与大气有直接的关系。所以，在20世纪80年代后，科学家们把厄尔尼诺现象称之为"安索"现象。

其次是热带海洋的增温不仅发生在南美智利海域，而且也发生在东太平洋和西太平洋。它无论发生在什么地方，都会迅速地导致全球气候的明显异常。它是气候变异的最强信号，会导致全球许多地区出现严重的干旱和水灾等自然灾害。

根据对近百年来太阳活动变化规律与厄尔尼诺关系的研究，科学家发现太阳黑子减少期到谷值期是厄尔尼诺的多发期，并有2次至3次厄尔尼诺发生。

1997年春夏之交开始沸腾的赤道"气候开水壶"——厄尔尼诺，以其来势凶猛、发展速度过快、强度之大、危害之重堪称"百年之首"，被人民日报等新闻单位评为十大国际新闻之一，并且受到我国及世界各国高层决策者及环境、经济学家的密切关注。

早在形成之初，我国有关部门就开始研究厄尔尼诺事件对我国农业可能带来的影响，国家有关部门邀请专家就此进行了咨询。专家指出，厄尔尼诺的生态、环境、气候效应以及对世界经

济的影响不容忽视，应当引起有关部门的高度重视。

早期，人们对东太平洋出现的暖洋流十分感兴趣，一是因为它常发生在圣诞节前后，更主要的原因是，它与当地的丰收年景有关。1925年，人们目睹了秘鲁附近发生的暖洋流，当年3月沙漠地区降雨量多达400毫米，而前5年降水总和不足20毫米。结果沙漠变成绿洲，几乎整个秘鲁都覆盖着茂密的牧草，羊群成倍增多，不毛之地纷纷长出了庄稼……尽管人们也发现，许多鸟类死亡，海洋生物遭到破坏，但人们依然相信是"圣婴"给他们带来了丰收年。几十年过去了，人们对厄尔尼诺现象已经有了全新的解释，特别对生态、环境、气候乃至世界经济的影响，有了较深刻的认识。

厄尔尼诺现象的危害

科学家确信，厄尔尼诺特别是强厄尔尼诺会给世界经济带来巨大灾难。美国《纽约时报》和《洛杉矶时报》提供的评估材料显示：

1982年至1983年的厄尔尼诺事件中，秘鲁是受害最重的国家之一。事件发生前，秘鲁供应的鱼粉占世界38％，1982年至1983年秘鲁的捕鱼量从过去的1030万吨锐减到180万吨；美国作为鱼粉的代用品——黄豆的价格暴涨3倍，饲料价格上涨，反过来又使鸡的零售价猛涨；菲律宾干旱非常得严重，导致椰子价格大幅度上扬，又使制造肥皂和清洁剂的成本大大提高……

1997年8月，世界气象组织的一份报告指出，1982年至1983年的厄尔尼诺现象，造成全球130亿美元的直接经济损失，间接和潜在的影响是难以估计的。

厄尔尼诺现象发生的时候，秘鲁渔获量严重减少，并波及世界饲料市场供应；鱼类尸体堆积在海滨，污染了周围的海水；沿岸地区和岛屿上的

海鸟因缺乏食物纷纷逃离，影响了鸟粪工业生产，使工人失业。

厄尔尼诺现象不仅给南美沿岸人民生活带来巨大灾难，也往往酿成全球性的灾难性气候异常，如连续出现的世界范围的洪水、暴风雪、旱灾、地震等。科学家们把那些季节升温十分激烈，大范围月平均海温高出常年1℃以后的年份称为厄尔尼诺年。

1982年至1983年，通常干旱的赤道东太平洋降水大增，南美西部夏季出现反常暴雨，厄瓜多尔、秘鲁、智利、巴拉圭、阿根廷东北部遭受洪水袭击，厄瓜多尔的降水比正常年份多15倍，洪水冲决堤坝，淹没农田，几十万人无家可归。

在美国西海岸，加州沿海公路被淹没，内华达等五个州的洪水和泥石流巨浪高达9米。

在太平洋西侧，澳大利亚由于干旱引起灌木林大火，造成许

多人的死亡；印度尼西亚的东加里曼丹发生森林大火，并殃及马来西亚和新加坡；大火产生的烟雾使马来西亚空运中断，3个州被迫实行定量供水。

据统计，这次厄尔尼诺事件在世界范围造成的经济损失约为200亿美元，范围可达整个热带太平洋东部至中部。现在，厄尔尼诺一词已被气象学家和海洋学家专门用来指赤道中、东太平洋海水的大范围异常增温现象。

一些专家学者的研究表明，厄尔尼诺与印度、东南亚、印度尼西亚、澳大利亚等地的干旱，南美洲太平洋沿岸厄瓜多尔、秘鲁、智利、阿根廷等国的异常多雨有着密切的关系，与西北太平

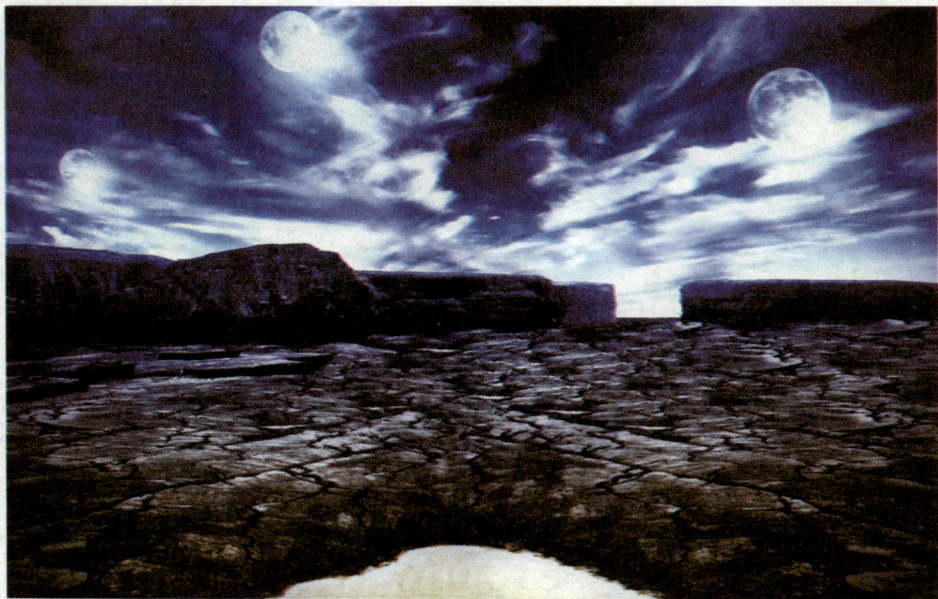

洋、大西洋热带风暴的减小，日本及我国东北的夏季低温，我国的降水等也有一定的相关性。

厄尔尼诺现象灾难

1997年3月，热带中、东太平洋海面出现异常增温，至7月，海面温度已超过以往任何时候，由此引起的气候变化已在一些地区显露出来。多种迹象表明，赤道东太平洋的冷水期已经结束，开始向暖水期酌减的转换。

科学家们由此认为：新一轮厄尔尼诺现象开始形成，并将持续到1998年。也正是从这一刻起，地球上的气候有了明显的转变。在南部非洲，厄尔尼诺带来了自1997来最严重的干旱，并使大约500万人口面临饥荒的威胁；在西太平洋地区，厄尔尼诺抑制了降雨，使印度尼西亚和巴布亚新几内亚陷入了干旱并引起森林火灾；东太平洋沿岸国家智利、秘鲁、厄瓜多尔、阿根廷、乌拉圭和巴西东部暴风雨和雪成灾。智利全国13个大区有9个遭受水灾，灾民超过5.1万。在阿根廷和智利边境地区，安第斯山区积雪最深达4米，公路被阻，人员被围。

在厄瓜多尔沿海地区，更是山洪爆发，通讯中断，致使成千上万人无家可归。引起这一海洋生物灾难的是秘鲁寒流北部海区的一股自西向东流动的赤道逆流——厄尔尼诺暖流，它一般势力较弱，不会产生什么影响。在厄尔尼诺现象发生的年份，它的活力增强，在受南美大陆的阻挡之后，就会掉头流向南方秘鲁寒流所在的地区，使这里的海水温度骤然上升3℃～6℃。

原来生活在这一海区的冷水性浮游生物和鱼类由于不适应这种温暖的环境而大量地死亡，以鱼类作食物的海鸟、海兽因找不到食物而相继饿死或另迁它处。

灾难最严重的几天，秘鲁首都利马外港卡亚俄海面和滩地上到处是鱼类、海鸟及其他海洋动物的尸骸。

死亡的动物尸体腐烂产生硫化氢，致使海水变色，臭气熏天，使泊港舰船的水下船壳变黑，并随着雾气或吹向大陆的海风泼向港口附近的建筑物和汽车，在它们表面也涂上了一层黑色，就像有人用油漆漆过一样。当地人便把这件厄尔尼诺的"涂鸦"之作称为"卡亚俄漆匠"。

延 伸 阅 读

1982年至1983年发生的强厄尔尼诺现象，使当时赤道东太平洋水温比常年高出4℃，这次强厄尔尼诺现象持续近两年，对全球气候异常造成了巨大灾害。

臭氧灾害的形成与危害

臭氧灾害来自哪里

是谁破坏了人类赖以生存的环境？是谁正在快速地"吞噬"着被人类称为"地球的保护伞"——臭氧层？是谁导致太阳紫外线杀死所有的陆地生命，使人类遭到"灭顶之灾"？这都是不得不深思的问题。

随着时代的进步，人类的生活水平逐步提高。人类的生活过得越来越惬意，坐在家里享受着现代物质文明成果的人类是越来越多了。夏天快到了，人类舒适地坐在家里享受着从空调机吹出来的自然风，吃着从电冰箱里拿出的冰淇淋，丝毫感觉不到夏天的到来。可正当人类享受着这些的时候，却殊不知电冰箱与

空调所排放出的氟氯代烷正在加速地破坏人类的"保护伞"——臭氧层。

如果臭氧层遭到大量地吞噬，就会形成前所未有的臭氧空洞，这样的话日光中的紫外线就会对人体的皮肤造成伤害，使整个地球的温度火速上升，产生温室效应。臭氧层空洞不仅破坏了生物的生存环境，而且直接威胁到了人类的身体健康。

罪魁祸首是冰箱

电冰箱里所含的那么一点点的氟利昂是否真的对人体有危害呢？1973年，墨西哥裔美国化学家马里奥·莫利纳首次对人类发出了警告，指出地球的臭氧层已受到损害。他是全球发表此学说第一人，当他提出这个警告时，无人理睬他的"谬论"，也就不了了之。

　　据有关资料显示：臭氧层出现空洞与电冰箱、空调有关。电冰箱能制冷并完好保存食物的新鲜，空调能吹出自然风以调节室内的温度，都与氟利昂这种制冷剂有关。

　　氟利昂在常温下都是无色气体或易挥发液体，略有香味，低毒，化学性质稳定。但它能变成气体，当它挥发到臭氧层中，能破坏臭氧的整体结构，从而使臭氧的浓度减少产生空洞。除此之外，只要是含有氟类的物质，在生产和使用过程中会排放到大气中造成臭氧层出现空洞。

　　电冰箱和空调制冷剂的氟氯代烷的大量排放、漂浮在大气高层中，在太阳紫外线的辐射和分解下使臭氧日益减少，破坏着人类的天然屏障；不仅如此，还对人类的身心健康与整个生态系统失衡有着密不可分的关联。

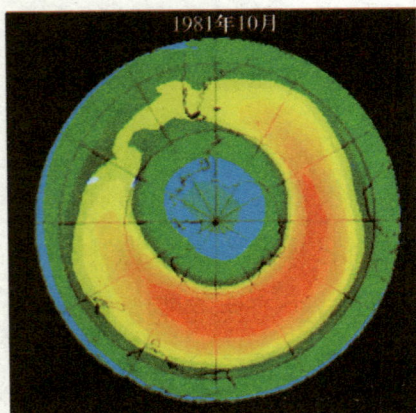

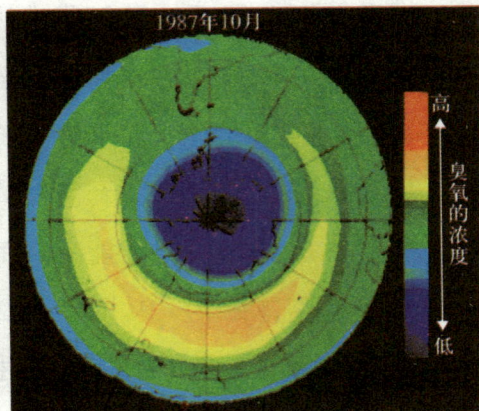

臭氧空洞，人类面临"灭顶之灾"

近十年来，地球上的臭氧空洞已增至5个，总面积近4000万平方千米，接近地球表面积的1/10。如果这样长期持续的话，阳光中的紫外线会使人类和动物遭受灭顶之灾。

据国外媒体报道，俄罗斯科学院的专家们就俄远东地区的4处被发掘的"恐龙墓地"进行研究与试验后认为，恐龙的灭绝可能与臭氧层空洞有关系。

1985年，英国南极考察首次发现南极上空的臭氧层有一个空洞，面积与美国国土面积差不多。当时轰动了世界，也震动了整个科学界。

据有关资料显示：1994年10月，臭氧空洞曾一度蔓延到南美洲最南端的上空。

日本环境厅发表的一项监测报告称：1998年的9月～12月的南极上空出现了很大的臭氧层空洞，空洞可达2720万平方千米，是历史上最大的臭氧层空洞，而且是持续时间最长的。这足以说明，大气层上部的臭氧仍在不停地减少。这项监测报告中还指出，日本北海道上空的臭氧量在过去的10年间减少了近3.3%。

1999年以来，南极上空臭氧层空洞较以往扩展近一倍，已达2100万平方千米，比两个中国的面积还大。

由于臭氧层遭到严重的破坏，增加了人类患皮肤癌的几率。有关业内人士对此做了一项调查，调查的结果显示：臭氧减少1%，皮肤癌患者就会增加4%~6%左右，主要以黑色素癌为主；当电冰箱排放出的氟利昂挥发成气体时，会伤害人类的眼睛，增加白内障患者，由白内障而引发失明的人数将增加10000~15000人。如果再不对臭氧空洞增加采取措施，到2075年，将导致约1800万例白内障病例的发生；同时可削弱人体免疫力，增加传染病患者。

臭氧层空洞的出现，造成全球生态系统失衡。有关科学家们专门对农产品减产及其品质下降作了试验。根据试验200多种作物对紫外线辐射增加的敏感性，显示出有将近2/3的农作物的下降与臭氧层空洞有着密不可分的关系。科学家们还做出一个算术数据，臭氧减少1%，大豆就要减产1%。

另外，臭氧层空洞也大大减少渔业产量。紫外线辐射可杀死10米水深内的单细胞海洋浮游生物。

人类每天仰望的天空，如今已是千疮百孔，臭氧空洞加起来的总和目前已超过4个中国的总面积。冰箱、空调、发胶、摩丝、清洗剂等破坏臭氧层的物质每年多达数百万吨。

臭氧层能吸收对地球生物有害的太阳紫外线，是地球一切生命的保护伞，是保护人类的天然屏障。没有它，地球一切生物都会遭受灭顶之灾。所以，联合国政府不断地强调臭氧层受到破坏的危害。

延 伸 阅 读

臭氧层被大量损耗后，吸收紫外辐射的能力大大减弱，导致到达地球表面的紫外线明显增加，给人类健康和生态环境带来多方面的危害。臭氧层破坏最明显的危害就是让人类承受更强烈的紫外光照射，增加患皮肤癌的可能。

地震前为何会炎热难耐

震前热异常实例

1679年9月2日，河北三河、北京平谷8级大震前，天气特别炎热；虽然是9月了，但还是炎热难耐。

1925年3月16日，大理地震前，黄雾四塞，久旱不雨，晚不生寒，朝不见露，形成典型的干、热、阴霾的天气。

1933年，四川省迭溪大地震。也有这样的记载："连日皆极晴朗炎热，震前尤甚，下午14时半地震。夜间气象陡变，狂风大

作，暴雨忽来，晚22时许地忽又大动。"

1966年3月8日，河北邢台地震。震区地面解冻，返潮春天来得早。气象资料记载，震前数日的日平均气温从零下13℃猛然上升至12℃，升降幅度达25℃。

1969年7月26日，广东阳江地震。震前几天，当地气候很特殊，天气特别闷热，人感不适。

1970年1月5日，云南通海地震。本来1月是全年气温最低的月份，但地震前几天，天气变热。地震前一天夜里，特别闷热，不少人睡不着，风吹到脸上感到热乎乎的。

1973年2月6日，四川炉霍地震。地震前出现的日平均气温，比历年同期都高。

1974年5月1日，永善地震。地震前几天特别闷热，比6月份还热。

有关的情况分析

夏季，我国常为温暖湿润的海洋性气团所控制。震前的热异常促进了对流作用的加强，伴随而来的常是倾盆大雨，大雨过后天气更热，震前达到高潮。

1976年唐山大地震后，北京、天津等地就降了倾盆大雨，过后又发生强烈余震。

有人发现气压变化越大，地震的次数越多。而山区的地震，在气压下降时发生地震的比例较大。

"冷热交错，地震发作""久晴动，久阴动""早震晴，晚震阴"等谚语，都说明了天气变化与地震的关系。

天气变化时，可能是大气对地壳各处压力不均，促成快要发生地震地区的断裂活动的加剧；或者是地壳的即将断裂释放出热

量使天气变热。

历史上还常有大旱大涝后发生地震的情况，这可能是地下水的多少发生变化，破坏原来的平衡，触发了地震。

延 伸 阅 读

关于震前的气象热异常现象，过去地震工作中已有所察觉和注意，兰州地震大队气象地震组根据对我国近几年大震现场的考察，总结我国地震史料中关于震前气象的丰富记载，提出震前气象热异常是一个突出的普遍的现象。

喷发最多的火山在哪里

爆发频繁的埃特纳火山

据文献记载，位于意大利南端西西里岛的埃特纳火山已有500多次爆发历史，被称为世界上喷发次数最多的火山。它第一次已知的爆发是在公元前475年，距今已有2400多年的历史。比较猛烈的爆发在1669年，持续了4个月之久。18世纪以来，火山爆发更加频繁。20世纪喷发过10余次。1950年至1951年间，火山连续喷射了372天，喷出熔岩100万立方米，摧毁了附近的几座市镇。

　　1979年起，埃特纳火山的喷发活动持续了3年。其中1981年3月17日的喷发，是近几十年来最猛烈的一次。从海拔2500米的东北部火山口，喷出的熔岩夹杂着岩块、沙石、火山灰等，以每小时约1000米的速度向下倾泻，掩埋了数十公顷的树林和众多葡萄园，数百间房屋被摧毁。2007年9月4日，埃特纳火山再次爆发，炽热的岩浆和浓黑的烟雾在夜晚非常耀眼。而山脚下就是当地的居民区和旅游景点。

　　2011年5月12日，埃特纳火山又一次喷发。在喷发活动最剧烈的时间段内，距离火山数千米外的村镇，都能感受到房屋门窗的晃动。埃特纳火山口内岩浆夹杂着火山灰冲天而起，引发的巨响在邻近的一些村镇也清晰可闻。

　　与此同时，四处弥漫的火山灰则飘落到了邻近的诸多区域。埃特纳火山所在的卡塔尼亚市的机场，就因为火山灰飘落到跑道上面而临时关闭。

埃特纳火山情况

埃特纳火山，欧洲最高的活火山。在意大利的西西里岛东岸，距离卡塔尼亚29千米，周长约160千米，喷发物质覆盖面积达1165平方千米。主要喷火口海拔3323米，直径500米。周围有200多个较小的火山锥，在剧烈活动期间，常流出大量熔岩。海拔1300米以上有林带与灌木丛，500米以下栽有葡萄和柑橘等果树。山麓堆积有火山灰与熔岩，有集约化的农业。

埃特纳火山位于地中海火山带，地处亚欧板块与印度洋板块交界处。火山周围是西西里岛人口最稠密的地区。地质构造下层为古老的砂岩和石灰岩，上层为泥炭岩和黏土。

埃特纳火山下部是一个巨大的盾形火山，上部为300米高的火山渣锥，说明在其活动历史上喷发方式发生了变化。由于埃特纳

火山处在几组断裂的交汇部位，一直活动频繁，是有史记载以来喷发历史最为悠久的火山，其喷发史可以上溯至公元前1500年。

近年来埃特纳火山一直处于活动状态，距火山几千米远，就能看到火山上不断喷出的气体呈黄色和白色的烟雾状，并伴有蒸气喷发的爆炸声。

延 伸 阅 读

活火山指正在喷发和预期可能再次喷发的火山。而那些休眠火山，即使不是现在就要喷发、而可能在将来再次喷发的火山也可称为活火山。

台风到底有多大的威力

台风的由来

2006年，《科技术语研究》刊登的王存忠、张斌《台风名词探源及其命名原则》一文中论及"台风一词的历史沿革"：在古代，人们把台风叫飓风，到了明末清初才开始使用飚风这一名称。1956年，飚风简化为台风，飓风的意义就转为寒潮大风或非台风性大风的统称。

关于台风的来历，有两类说法。第一类是"转音说"，包括三种：一是由广东话"大风"演变而来；二是由闽南话"风筛"演

变而来；三是荷兰人占领台湾期间根据希腊史诗《神权史》中的人物泰丰而命名。第二类是"源地说"，也就是根据台风的来源地赋予其名称。

台风的危害

居住在我国东南沿海地区的人，大概都知道台风的厉害。台风过境，有时大树都会被连根拔起，房顶也可能会被风掀掉。伴随着狂风而来的是瓢泼般的大雨，短时间内向地面倾泻大量的水淹没庄稼，毁坏房屋，甚至还会使交通中断，迫使一些工厂停产。

海面上台风更显得凶恶，掀起滔天大浪，威胁在海上航行的船只和进行捕鱼、养殖、勘探、采油等作业人员的生命安全。台风是一种灾害性的天气，能给人民造成巨大的灾难。

台风是从哪儿来的

影响我国的台风，主要是从菲律宾以东的太平洋上吹来，有时也产生于南海。这一带接近赤道，海水温度高，蒸发强烈，湿热的空气大量上升，四周的冷空气就会向这里补充。

地球的自转，使北半球的气流要向右偏转，向湿热空气上升地区汇聚的较冷空气来自四面八方，因为向右偏转，就在海洋上空形成了一个空气涡旋。这种涡旋按反时针方向运动，叫做气旋。形成涡旋的过程如果反复进行，气旋旋转的速度就会不断加快，范围也会越来越大。气旋中心附近的风力如果达到8级以上，就叫台风了。

这个巨大的空气涡旋的直径往往有几百千米至上千千米，高度在八九千米以上。中心部分叫台风眼，直径有1万米至五六万米；它的外围是急速旋转的气流，形成巨大浓厚的云壁，或叫云墙。

处于台风眼的地区，因为外边气流进不来，气压很低，风小浪高，云层裂开变薄，有时可见日月星光。而台风眼周围却是风雨最大的地区。

台风形成以后，由于受到高空东风气流的引导和地球自转的影响，一般向偏西、偏北方向移动，所以我国的台湾和东南沿海地区首当其冲。台风跑到陆地上空以后，由于不能继续补充热量和水分，而与地面的摩擦又减低了它的速度，所以逞一段威风以后就自动瓦解消失了。台风的影响范围局限在沿海地区，对内陆一般没有直接影响。

台风的形成是能观测到的，尤其在有了先进的气象观测手段以后。根据卫星照片能够对台风的形成过程、移动路线和运行速度了如指掌。所以，目前气象部门能对台风作出准确的预报。有了预报，人们可以事先做好充分准备，以避免或减轻台风带来的损失。

台风的贡献

台风虽然是一种会带来巨大损失，对人们的生产、生活造成破坏的灾害性天气，可是台风也有它的贡献。

台风出现最多的时期是七八九月，这时，东南沿海和长江中下游地区是炎热干燥的伏旱时期，台风给正需要大量水分的农作物带来了丰沛的雨水，对农业生产是十分有利的。

离海较远，受台风影响不大的地区，虽然没有大雨，但也会出现阴天或下点小雨，可以起到缓和旱情的作用。所以，这些地区的农民还把台风带来的降水称为及时雨。

台风在危害人类的同时，也在保护人类。台风给人类送来了淡水资源，大大缓解了全球水荒。一次直径不算太大的台风，登陆时可带来30亿吨降水。另外，台风还使世界各地冷热保持相对均衡。赤道地区气候炎热，若不是台风驱散这些热量，热带会更热，寒带会更冷，温带也会从地球上消失。一句话，台风太大太多不行，没有也不行。

我国重大的台风灾害

2010年9月19日，第十一号台风"凡亚比"从花莲登陆，导致台湾南部暴雨成灾。

2009年台风"莫拉克"造成500多人死亡，近200人失踪，46人受伤。台湾南部雨量超2000毫米，造成数百亿台币损失，大陆损失近百亿人民币。

2008年第八号强台风"凤凰"，造成台湾、安徽、江苏至少13人死亡，福建地区基础设施损坏严重，经济损失巨大。

2008年第六号台风"风神"，造成广东、湖南、江西至少30人死亡，财产损失巨大，降水量破纪录。

2008年第一号台风"浣熊"，造成华南至少5人死亡以及人员失踪，经济损失巨大，广东省一水库由于蓄水过多而不得不溃坝，基础设施破坏严重，造成华南历史上4月最为严重的洪涝灾害，降水破历史上4月纪录。

延 伸 阅 读

台风的结构：一个发展成熟的台风，按其结构和带来的天气，分为台风眼、涡旋风雨区、外围大风区三部分，从中心向外呈同心圆状排列。台风眼位于台风中心，直径约5000米至10000米。

令人不解的雷击现象

奇怪的雷击事件

1980年夏季的一天，印度一位患白内障双目失明的老人，正在家里坐着。突然，一个巨大的闷雷在阴云密布的空中炸响，他立即被击倒在地，碰掉了几颗牙，脑子震动了几秒钟。第二天，他一觉醒来，惊喜地发现自己重见光明了。科学家认为，患者处在雷击的磁场内，磁场使眼球中的不溶性蛋白质变成了可溶性蛋

白质，消除了白内障。

1968年的夏天，法国遭到一场雷雨的袭击。当时，闪电将一群绵羊中的黑羊全部击毙，但白羊却安然无恙。

不同的树木遭遇雷击的可能性也不同。据调查，在100次雷击树木中，击中柞树的次数最多，为54次；杨树为24次；云杉为10次；松树为6次；梨树和樱桃树为4次；但桦树和槭树则从未被击中过。当然，这是指混合在茂密树林中的桦树和槭树，而不是空旷地区的孤树。其原因到目前为止尚无定论。

被雷电击中过的人

弗拉卡斯托罗是著名的意大利诗人和医生。在他还是婴儿的时候，有一天母亲抱着他，突然被雷电击中，母亲当场死亡，但他却安然无恙。

　　格里高利·威廉·里赫曼，这位俄国物理学家将一个仪器与避雷针连接在一起，试图测量大气中的放电现象。在一次雷雨中，当他正俯身观察仪器上的读数时，一次雷电击中那根避雷针。避雷针从仪器上弹起，猛地击中他的头部，里赫曼当场倒毙。

　　奥蒂斯是一位美国政治家，他常对别人说，他希望以一次雷电来结束自己的生命。这个愿望终于实现了。当他在一间低矮的农舍走廊里与家人和朋友交谈时，雷电击中了农舍的烟囱。火球沿着烟道进入走廊，并跳到奥蒂斯身上把他击死，但他身上没有留下任何伤痕，屋里的其他人则安然无恙。

　　弗朗西斯·西德尼·施米特是一位英国登山运动员，因登上珠穆朗玛峰而闻名遐迩，可是他差一点在阿尔卑斯山上丧命。一个雷电击中了他，使他失去了知觉，但是由于他那身湿漉漉的衣服吸收了大部分电荷，从而使他幸免于难。

　　希尔德是一位天文学家，1976年的一天，当他正在亚利桑那

　　天文台工作时，雷电击中了他的望远镜，把他击昏了过去。在被送往医院的途中，他的心脏停止了跳动。但是他很快就恢复了健康，并于当天返回天文台工作。

　　尼克·那伐罗是巴拿马短跑运动员。1978年12月28日，当他从迈阿密的卡尔德田径场走回休息室时，遭到了雷击，当场身亡。

延　伸　阅　读

　　　比姬·戈德温是弗吉尼亚州州长米尔斯·戈德温的女儿。当她在晴空下从海浪中回到海滩时，远处一团乌云中突然打来一个霹雳，将她击中。她虽然立刻得到抢救，但两天之后仍然身亡。

火旋风的形成和危害

什么是火旋风

火旋风又叫火怪、火焰龙卷风，是指当火情发生时，空气的温度和热能满足某些条件，火苗形成一个垂直的漩涡，旋风般直插入天空的罕见现象。旋转火焰多发生在灌木林火。火苗的高度9米至60米不等，持续时间一般只有几分钟，如果风力强劲则能持续较长的时间。

火焰龙卷风的形成需要具备一定条件：强烈热量和涌动风流结合在一起将形成旋转的空气涡流。这些空气涡流可收紧形成类似龙卷风结构，旋转着吸入燃烧残骸和易燃气体。在火灾中，火的热力令空气上升，周围的空气从四方八面涌入，形成幅合，火焰龙卷风便形成了。

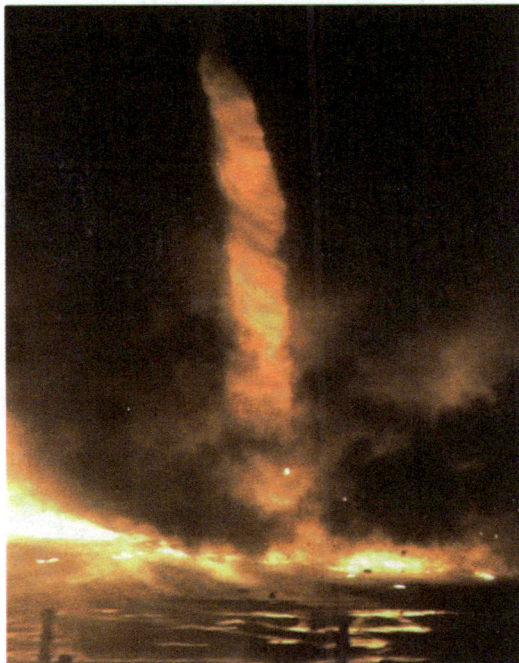

威斯康星火龙卷

1871年10月8日，一场森林大火席卷了美国威斯康星州东北部的格林贝湾两岸，总共可能有1000人丧生。那年的10月初，这里是典型的印第安晚秋晴暖天气：微风吹拂，空气暖和而干燥。在过去几周的时间里，这里曾有多起小灌木林和森林起火，这大多是由伐木工遗留下的大量树枝树杈燃烧起来的。风小时，工人们和附近的人群还能控制住火势。

然而10月8日正是星期天，西南风增大，使许多小火发展成熊熊大火。同时气温显著升高，从密尔沃基站的观测记录看，10月7日最高气温为19℃，而10月8日则上升到28℃。

10月8日晚，两处主要的森林大火从格林贝城附近慢慢地向东北方推进，尽管居民们全力扑救，试图阻止大火蔓延，可是烈火无情，还是毁掉了大量的住宅，东起弗兰克恩、西到佩什蒂戈的所有村庄全部被烧毁。

美国加州圣玛格丽塔大牧场火旋风

2002年5月，美国加州圣玛格丽塔大牧场，由山火引发的火旋风席卷一处山脊顶部。

据福托菲尔介绍，火旋风核心部分温度可达1093℃，足以将从地面吸入里面的灰烬重新点燃。他说："我们尚不完全确信这一点，它只是一个理论。这就仿佛是某个人尝试点燃某种东西：如果你令其在空中膨胀的足够大，你确实可以让其燃烧，但如果它始终紧缩地像团状，它就不会燃烧。"

加利福尼亚火龙卷

2008年11月15日，美国加利福尼亚州科伦娜火灾中，一处火

焰龙卷风逐渐逼近住宅区。火焰龙卷风将所经之地的物体点燃，又将正在燃烧的残骸投向周围。

由巨大火焰龙卷风形成的风流也十分危险，其风速可达到每小时160千米，足以将树木吹倒。

巴西圣保罗火龙卷

2010年8月24日，巴西圣保罗市出现了罕见的火焰龙卷风的自然现象。这种自然现象是由于龙卷风经过一处燃烧的田野，随后变成了一个巨大燃烧的火龙。出现火焰龙卷风的地区已经有3个月没有下雨。异常干旱的天气和强劲的风势助长了此处的火势。

巴西全球电视台报道称，圣保罗地区的空气干燥程度已赶上了撒哈拉沙漠。这条火龙风在燃烧的田野上飞舞高约数米高，阻断了一条公路。为了熄灭这条火龙，当地出动了直升机。同时，圣保罗市政府为预防新火情发生，已下令禁止麦收后火烧庄稼地。

延 伸 阅 读

2007年8月，德国沃尔夫斯堡斐诺科学中心，参观者观看一个人造火旋风由多个空气喷射通气口形成的壮观景象。现实世界的火旋风不会像这样保持垂直不动，但也不会赢得任何速度纪录。

神秘"红雨"来自哪里

神秘"红雨"倾盆而下

2001年7月25日，印度西部喀拉拉邦突降一场血红色暴雨，雨量最大时看起来就像一条深红色的大床单从天而降这场雨断断续续下了两个月，将海岸、树叶都染成了深红色。当地居民用自来水洗衣服后，衣服也会变成粉红色。

科学家感到震惊，印度政府下令进行调查。为什么会下"红雨"，红色从何而来？这一奇怪的现象立即引来世界各地的研究者前往一探究竟。

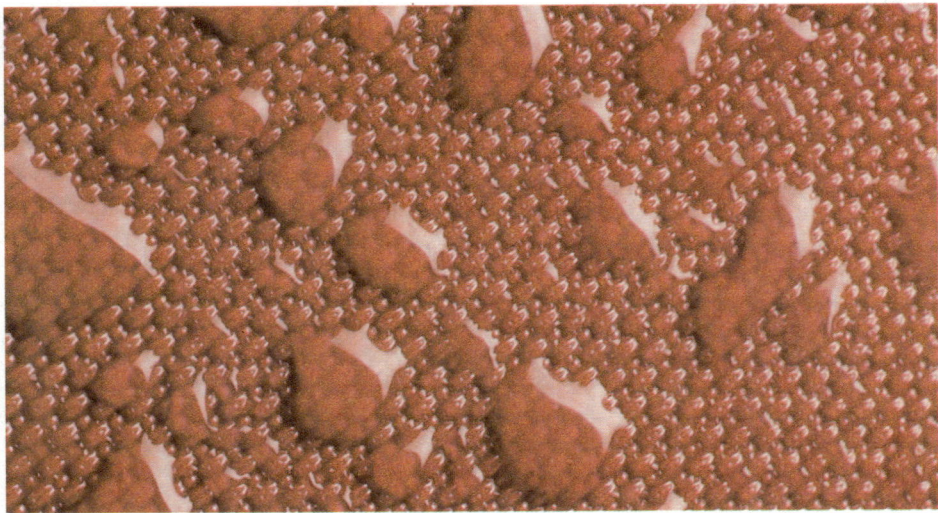

阿拉伯红土导致雨水变红

一些调查人员认为，红雨不值得大惊小怪。降雨发生前，强风带来了阿拉伯地区的红土，随着降雨发生，红土夹杂在雨水中降落，使雨变成了红色，整个降雨区域也因此被染得一片鲜红。

但是，这种说法当即遭到许多人的反对。理由是下的时间太长了。设想一下，某个地区一连两个月断断续续地下雨，这可以理解。但是突然两个月连续不断地刮强风，不断地带来阿拉伯地区的红土，这似乎难以成立。

疑是外星细菌

印度圣雄甘地大学的应用物理学家圣西斯·卡门、普尔大学物理学家戈弗雷·路易斯不认为这是阿拉伯红土染红的。为弄清楚这到底是什么，他特地在喀拉拉邦收集了部分雨水的沉淀物，带回实验室做了综合分析。经过5年的研究，他吃惊地发现，红色沉淀物根本不是泥土、灰尘，而是外星细菌。路易斯大胆地提出：那是来自彗星的外星生物，当年那场雨可能就是"外星生物登陆地球"。

倘若通过显微镜仔细观察就会吃惊地发现，红雨颗粒形状大小不一，有球形、椭圆形和长椭圆形，1000倍显微镜下可见形状，有细胞膜，很厚，但无细胞核，是一种类似于细菌的物质。

路易斯说："通过显微镜观察，你能发现它绝不是泥土，反而有明显的生物特征。"根据成分分析，瓶中沉淀物含碳50%，含氧45%，还含有部分钠、铁以及其他成分，这与微生物的构成极其相似。看来它们是从地球外某个星体降落至地球上的。

疑是彗星或流星雨

路易斯发现，就在2001年7月25日下红雨前的几个小时里，当地发生了极为强烈的音爆，喀拉拉邦的居民房屋受到极大震动。根据当时的情况，除非陨石闯入大气层，否则不会产生那样剧烈的反应。因此支持路易斯理论的科学家们由此推断，当天一颗彗星在经过地球时，一些碎片脱落下来，穿过大气层坠落地面。

而在这一过程中，碎片由于受到摩擦，烫得发红，分裂成为更多碎片，并伴随着降雨落至地面。由于那颗彗星中含有丰富的

有机化学物质，而地球上的生命也是由微生物不断进化而来，所以雨水中的沉淀物也具有生命初期的特征。

不过，路易斯的离奇理论遭到许多人质疑。但也有许多科学家认为，路易斯的发现或许不正确，但他突破了常规思维。英国谢菲尔德大学微生物学家米尔顿·温赖特也支持路易斯的部分说法。温赖特说："现在就定论红雨究竟是什么还为时过早，但是我确定瓶中的沉淀物绝对不是泥土，但也与地球上存在的生物不同。"最终结论还有待进一步确认。

延 伸 阅 读

1962年1月14日，英国阿伯丁降了一场令人惊慌的可怕的黑雨。降雨前，整个天空浓浓的乌云像黑烟，随即狂风暴雨，若是衣物上被污染，很难洗去。这场雨是从哪里来的呢？怎样形成的？这些至今还是个谜。